THE KUDZU BOOK

葛の本

井上天極堂

INOUE TENGYOKUDO

150th Anniversary

金壽堂出版

葛という植物の根から、本葛粉はできる。

Leaf

葉

Flower

花

Root

根

Powder

粉

KUDZU LEADS TO

AN ENJOYABLE

AND BEAUTIFUL LIFE ...

楽しく美しい葛ライフを

あなたに・・・

本葛粉が生まれた

撮影／井ノ上悦子

Table of Contents 目次

page 012 本書の使い方

page 014 葛を愛する人々の物語

葛と関わり、葛と人生を歩んできた人々のストーリーをご紹介します。

page 026 LET'S START A KUDZU LIFE.

P.28 葛の基本構造
P.30 葛の掘子さん
P.31 吉野本葛の製造工程
P.34 葛のルーツ
P.40 日本の地域ブランドから見た葛
P.42 葛利用の地域性 in Japan
P.44 粘度で楽しむ葛のグラデーション
P.46 葛のグラデーションマトリックス
P.48 葛のグラデーションクッキング
P.52 Enjoy Kudzu at Home
P.56 健やかで美しい葛生活
P.60 葛タイムテーブル
P.62 葛の神話と歴史

page 064 葛旅に出かけよう KUDZU DISCOVERY

P.64 東京都
P.67 神奈川県
P.68 静岡県
P.72 福井県
P.76 奈良県
P.82 福岡県
P.86 鹿児島県

page 090 葛と素敵なまちのこと

P.90 出前授業
P.92 葛ソムリエ
P.93 くずまん誕生秘話

page 094 和のある暮らしと葛

葛豆腐
P.97 枝豆豆腐
P.97 胡麻豆腐
P.97 パプリカ豆腐

葛たたき
P.103 わかめと根菜の鶏たたきサラダ
P.103 鱧のお椀
P.104 豚しゃぶしゃぶ葛たたき

葛あんかけ
P.99 南瓜の鶏そぼろ蒸し
P.100 秋鮭ときのこのあんかけ
P.101 揚げ素麺の吹き寄せ

葛和え衣
P.106 鯛の胡麻だれ丼
P.107 葛きり黄身酢和え
P.107 旬の魚の吹き寄せ

page 108 吉野仕立ての素

page 110 KUDZU Green Glamping グリーングランピング

P.111 スパークリングクデュウー
P.111 シナモン香る焼きとろリンゴ
P.112 和タトゥイユ
P.113 ふっくら卵のホットサンド
P.113 カボチャの葛ポタージュ
P.114 スパイシーチキングリル
P.115 もっちり豆乳リゾット
P.115 ごろごろビーンズのとろ〜りスープ

page 116 KUDZU Beach Glamping ビーチグランピング

P.118 あったかベジスープ
P.119 Kudzuシャクシューカ
P.120 彩り野菜と葛たたきのシーフードサラダ
P.121 魚介のあっさり葛彩麺スープ
P.122 地元の朝採れ野菜のバーニャカウダ
P.123 地鶏グリル〜白ワイン葛ソース添え〜
P.124 地鶏グリルのソース５種

page 126 ビンで楽しむ葛バリエ

P.127 我が家の大きな金柑甘煮〜葛シロップがけ〜
P.128 ビタミンたっぷりキャロットスープ
P.128 豆まめペンネサラダ
P.129 ブルックリンスタイル 葛スムージー
P.130 キッチンガーデンサラダ　ハーブドレッシング
P.131 カリフォルニアクイジーヌ　ベジタリアンどんぶり

page 132 みんなでシェアごはん

P.134 葛イージーホワイトソース
P.134 マカロニグラタン
P.135 クリームジャガコロッケ
P.136 ポテトとアンチョビのグラタン
P.137 洋風かきたまスープ
P.137 牛肉の赤ワイン煮込み
P.138 簡単リッチな葛トマトソース
P.138 ミラノ風カツレツ 葛トマトソース添え
P.139 アスパラガスと海老のトマトソースパスタ
P.140 白菜のハイカラ煮
P.140 豆腐と蟹の中華風スープ
P.141 カリカリ焼きそば 具沢山あんかけ

page 142 お茶と楽しむ葛のお菓子

P.143 冷茶と楽しむ葛きり　とびきり自家製黒蜜添え
P.144 ほうじ茶と葛焼き
P.144 韓国風　木の実ときな粉のユルム茶
P.145 紅茶と春巻きのミルフィーユ　葛のアングレーズソース
P.146 玄米茶と豆腐の白玉　葛のあん
P.147 抹茶しるこ
P.148 葛のお菓子でほっと一息

page 150 エピローグ　おわりに

Table of Contents

本書の使い方

How to use this book

葛の世界へようこそ。
あなたのライフスタイルに合わせて、
気になるページを読んでみよう。

P.28　葛の基本構造
P.29　葛って、どんなもの？

Plant
葛の花･葉･蔓･根･莢･種

P.30　葛の掘子さん
P.31　吉野本葛の製造工程
P.40~41　日本の地域ブランドから見た葛
P.42~43　葛利用の地域性 in Japan

Regionality
伝統製法

P.94~109　和のある暮らしと葛
P.142~149　お茶と楽しむ葛のお菓子

Culture
日本の食文化

Kudzu
葛

History
役行者と葛
病気に効いた葛
宝達の鉱夫と葛

P.34~39　葛のルーツ
P.62~63　葛の神話と歴史

Discovery
葛に関わる事柄・場所

P.64~89
葛旅に出かけよう

Art
つる工芸
葛布

P.42~43
葛利用の地域性 in Japan

Health
美肌/漢方薬
イソフラボン/サポニン
/葛乳酸菌

P.56~59
健やかで美しい葛生活

Food
葛菓子
葛料理
乾物

P.44~45　粘度で楽しむ葛のグラデーション
P.46　葛のグラデーションマトリックス
P.48~51　葛のグラデーションクッキング
P.52~55　Enjoy Kudzu at Home
P.60~61　葛タイムテーブル
P.110~125　Kudzu Glamping
P.126~131　ビンで楽しむ葛バリエ
P.132~141　みんなでシェアごはん

天の恵みを極める

葛を極めることは、天の恵みを大切にすること。
それは、日本の食文化、伝統継承、魅力を守り抜くこと。

天と地の恵みへ感謝の気持ちを忘れず
皆様に美味しい心豊かな暮らしをお届けしたい。
今までも、これからも。それが井上天極堂の想いです。
本書に秘められたその原則とは

1 天から授かった自然と命に感謝する

2 山の循環ネットワークを守る

3 日本の四季を五感で感じる

4 葛を通して、日本の心を育む

5 先人の知恵や思いを次の世代にも
より良くして伝える

葛を愛する人々の物語

STORIES OF KUDZU LOVERS

私たちの生活に寄り添う葛の存在。それは日々の糧になっているものなのかもしれない。時代が変わってライフスタイルが変わっても、世代を越えて愛され続けている。次世代へつなぐ葛のストーリーが始まる。

1／株式会社 井上天極堂 代表取締役
井ノ上 昇吾

2／神戸大学　名誉教授
津川 兵衛

3／畿央大学　名誉教授 薬学博士
北田 善三

4／株式会社 都食品 副社長　葛ソムリエ
吉留 武志

5／天平倶楽部　総料理長 葛ソムリエ
河村 正英

6／株式会社 井上天極堂 経営企画室　葛ソムリエ
川本 あづみ

7／株式会社 井上天極堂 経営企画室　葛ソムリエ
岡本 富美子

8／株式会社 井上天極堂 品質管理課　葛ソムリエ
吉見 茉梨絵

9／株式会社 井上天極堂 品質管理課　葛ソムリエ
松田 理奈

10／株式会社 井上天極堂 品質管理課　葛ソムリエ
藤野 布久代

11／百代　HAKUTAI 葛ソムリエ
林 愛

葛人

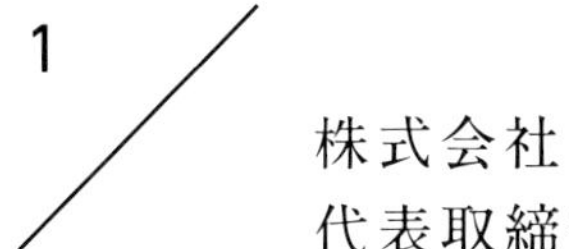

1

株式会社 井上天極堂
代表取締役

井ノ上 昇吾

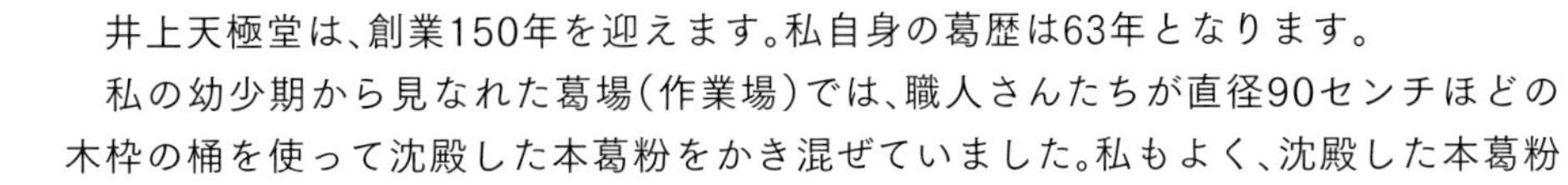

井上天極堂は、創業150年を迎えます。私自身の葛歴は63年となります。

私の幼少期から見なれた葛場(作業場)では、職人さんたちが直径90センチほどの木枠の桶を使って沈殿した本葛粉をかき混ぜていました。私もよく、沈殿した本葛粉をかき混ぜたり、商品用の木箱の焼き印を手伝ったり、葛と共に生活をしてきました。

葛湯は、一般的には風邪をひいたときの薬代わりに飲みますが、私の家では、おやつの時間に葛湯を飲んでいました。それゆえ私にとって葛は生活そのもので自然に寄り添ってきたものです。

葛屋だけで私たちは成り立ってきたのではなく、山の恵みを生業にしてきました。言い換えると、山の恵みを生業とする職人がいて、それらを取りまとめて市場や問屋に卸していました。山の恵みというのは、例えば、木の実、葉、根、花など自然の恵みに新たな価値をつけて市場に提供していたのです。これを私たちは山のネットワークと呼んでいます。このような営みの中で葛と関わり続けてきました。

私たちが葛屋を営む理由の一つは、日本の食文化を支えてきた葛を継承したいと考えるからです。葛は、奈良時代から続く日本の伝統食材で、本葛粉は人々の食生活に役立ちました。そのため、古くからの万葉歌や物語などさまざまなところで葛という言葉が見られます。また、葛布は人々の衣生活を豊かにし、葛工芸などにも使われてきました。これらからいかに日本人の生活に葛が寄り添ってきたのかが読み取られます。

日本人と共に生きてきた『葛』の漢字には『人』という字が含まれています。私は、葛というものは日本文化を支え、芸術性までもが深く備わっているのではないかと思っています。古代からの葛を現代から辿ることにより、先人の深い知恵や考えを思いはかることができます。また、日本人の食生活、食文化の根底を支えてきたことは間違いありません。それだけでも葛というものにロマンと愛着を感じますね。

私たちが葛屋を営んでいく上で大切にしていることは、葛が育ってきた山のネットワークを守っていくことで、自然の恵みを創り出してくれる自然環境の保全と活用です。一方、日本の食文化の基礎をつくってきた葛を現代の生活に合わせてもっと楽しんで欲しいと思っています。

先祖代々食べつながれてきた葛が、次世代を担う子どもたちの食生活に自然に取り入れられるようになることこそが、日本の食文化継承につながるのではないでしょうか。そのためには、私たち大人が葛の価値を見直し、それを日常生活の中で楽しむことが大切です。葛は人々の健康にも大きく貢献するため、それを多くの人に伝え、『葛生活』を楽しんでいただきたいと願い、これらの活動を通して葛を世界に発信したいと考えています。

葛という植物は世界中にありますが、食生活に身近に取り入れて食事を美味しくする日本の食文化は世界でも類を見ません。健康食としての葛だけでなく、日本は、葛を美味しく調理する術を持っています。これを世界にも伝えたいと考えています。私たちの使命は葛という優れた天然の資源を多くの人と共有することだと思っています。

2

神戸大学　名誉教授

津川 兵衛

兵庫県立兵庫農科大学農学科『工芸作物学講座』を卒業後、同大学農芸化学科（土壌学講座）の助手に採用され、山地土壌の粒径分析の研究に2年間従事しました。その後、農学科（作物学講座）に移り、イネ育苗研究の手伝いをして2年ほどが経過した頃、植物好きの学生数名とともに大学の北に広がる六甲山系へ、エビネランや他の希少植物の採集によく出掛けていました。全国的に大学紛争が荒れ狂っていた頃のことです。

六甲山系では、クズは低い雑木やネザサの上に這い上り、登山道まで這い出して付近一帯を埋めつくしていました。このような光景を幾度となく目にするうちに、強盛な生命力を持つクズこそ私の運命を決定づけてくれるに違いないと信ずるようになりました。また『クズ』の漢字を音読すれば、私の愛読書『三国志』の重要な登場人物『諸葛孔明（しょかつこうめい）』の姓（名字）の文字であるのもクズを研究対象に選んだ理由の一つです。

研究を進めるとクズとはどのような特徴をもつ植物であるのか、さらにクズはどのような群落構造を持つ植物であるかということも少しずつ明らかにできるようになりました。クズを平成3年（1991）末にフィリピンのピナトゥボ火山爆発被災地（火山灰堆積地）に植栽したところ、雨期には雨で火山灰が流出するのを防止し、乾期には火山灰が風で吹き飛ばされるのを防ぐのに適した植物であることが明らかになりました。また、クズは家畜の嗜好性の高い植物であることを現地の人々に認識させることができるようになりました。

昭和60年（1985）、アメリカから日米交換留学生としてトーマス・サセックス君を迎え、3年間の日本滞在中に、日本におけるクズの分布北限を共同で詳細に調査できました。このようにクズの研究を通して得られた発見・出会いはその後の長い研究生活において実りあるものでありました。私にとってクズは太陽のようなものです。私が歩むべき道を照らし、導いてくれました。

＊「クズ」は、植物の学術名として表記。

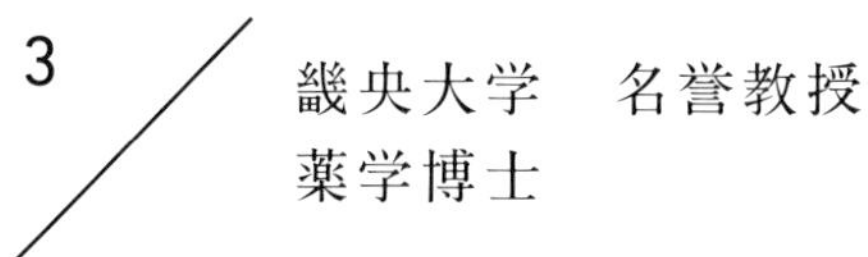

3

畿央大学　名誉教授
薬学博士

北田 善三

私が研究対象として葛と関わるようになったきっかけは、葛でんぷんの表示が問題になったことでした。現在は『本葛』、『葛』などと表示が分かれていますが、当時は表示に関するきまりはなく、葛でんぷんと異種でんぷんとの混合割合を測定する方法も確立されていませんでした。私は奈良県の依頼を受け、まず異種でんぷんとして何が使われているかを鑑別する方法、そして葛でんぷんと異種でんぷんとの混合割合を測定する方法を開発することにしました。開発するにあたり、基準となる葛でんぷんを自ら調製するため幾度か山に入りました。これをきっかけに、一層深く葛に関心を持つようになりました。

研究を進める過程でずっと思い続けてきたことは、子どもの頃に風邪をひいたりお腹を壊したりしたときなどに、なぜ葛湯を飲んだのかということでした。葛の根は漢方薬に用いられる重要な生薬の一つであり、中医学ではその服用に当たって葛根に含まれるイソフラボンの量を基準にしています。そこで、葛でんぷんにもこれらイソフラボン類が含まれており、それらが効果的に作用しているのではないかと考え、過去の文献を検索しましたが該当する論文は見つからず、その上これらイソフラボン類の標準品すら販売されていませんでした。

そのため、まず葛根の代表的なイソフラボンであるプエラリン、ダイジンおよびダイゼインを葛根から抽出、精製した後、構造決定したものを標準品とし、それらを用いて葛でんぷんを調べました。その結果、葛でんぷんにもプエラリンやダイジン、ダイゼインが含まれていることを初めて明らかにすることができました。異種でんぷんの鑑別そして葛でんぷんと異種でんぷんとの混合割合測定法の開発を目的として始まった研究ではありましたが、それを進める過程で長年思い続けてきた葛でんぷんの有用性がイソフラボン類にある可能性が解明できたことは、私にとって大きな収穫でした。

私は子どもの頃あまり胃腸が丈夫でなかったためよくお腹を壊していましたが、その度に母が葛湯を作ってくれ、それを飲むと不思議と元気になりました。私にとって葛湯は魔法の薬であり、日々の生活に欠かすことのできないものでした。また、自宅近くに葛でんぷんを製造する小さな工場があり、近隣の人たちがその葛でんぷんを買い求めていました。このように昔は葛でんぷんは身近なものであり、どこの家にも常備されていました。現在でも、冬には葛根湯のお世話になり、初秋には秋の七草の一つである葛花に心を癒されるなど葛は私たちの生活に溶け込んだ存在です。

4

株式会社 都食品
副社長　葛ソムリエ

吉留 武志

私自身は『葛』に本格的に関わり始めてまだ10年ほどですが、私が生まれる前からの家業のため葛は昔から慣れ親しいものではありました。家業で継いできた身近な葛を極めたいと思い、使うようになりました。日々仕事の中で向き合い、活用し、知れば知るほど葛の奥深さに気付きます。葛は漢方としてはもちろん、『和』の食材として古くから用いられ、日本の食文化を支え、今後も日本の食卓、料亭、和菓子等に欠かすことのできない優れた食材だと思います。私の一番好きな葛料理は、シンプルですが葛湯です。風邪を引いた時、身体がとても温まります。

私にとって葛とは、一言でいうと、生活の一部を成す身近な存在です。

5

天平倶楽部　総料理長　葛ソムリエ

河村 正英

この仕事に就いたことをきっかけに、葛を使い始めて37年経ちます。和食では必要不可欠な食材です。ここ天平倶楽部では葛料理を提供するにあたり、とろみ使いであったり、豆腐やデザートに使うなど料理の幅はバリエーションに富んでいます。吉野仕立てや、すり流し（汁物）に使うことも多いです。組み合わせ次第で何通りも作ることができます。グルテンフリーを好まれるお客様や海外からのお客様の献立に、多様に、スムーズに対応できるところも葛の好きなところです。また先付からデザートまで使え、さまざまな食感を作り出し、食材を引き立ててくれるところは葛の素晴らしい特徴でしょう。

一般の方には、まずは葛を知ってもらうことが大切だと思っています。葛そのものをまだ知らない人も多いので、『葛』とはどのようなもので、特に奈良では、特産物としてどのように愛されてきているのか、日本の食文化をどのように支えてきているのかを伝えることも大切だと思い、卓上に吉野葛、吉野本葛についての説明のポップを置いています。

葛粉を使うことで和食テイストのグラタンなど、洋風のお料理を作ることもできます。このように葛は食事スタイルに合わせて大活躍できるので、世界に誇れる日本の食材ではないかと感じています。

今後、『奈良で食べる葛会席』を創作し、葛料理を日本文化として発信していきたいです。そして和食を通じて葛の魅力を余すことなく楽しんでいただこうというのが私の想いです。

天平倶楽部について

正岡子規が宿泊していた「對山樓（たいざんろう）」という旅館の跡地に建てた料理屋。明治28年（1895）、そこに正岡子規が宿泊し、多くの句を詠んだ。帳簿の写しが出てきたこと、子規が見たであろう樹齢100年の柿の木が現存していることが分かったことなどから、平成18年（2006）秋に「子規の庭」として整備された。柿の古木と句碑を中心に、子規の好きだった野草が植えてあり、庭の向こうには東大寺が見える。

6

株式会社 井上天極堂
経営企画室　葛ソムリエ　4児の母

川本 あづみ

葛の魅力を知ってから、自然と日常の食事に葛を使うようになりました。18年の葛歴です。お客様から毎日葛を食べているかと聞かれ、葛ソムリエならば毎日食べないとと思うようになり、毎日何らかの形で葛を食べています。家でよく使うのはお弁当に入れる卵焼きです。少し入れるだけでふっくらします。姑が喜ぶのは胡麻豆腐で、嫁と姑の間を取り持ってくれた料理です。子どもたちが好きなのは、葛湯で作ったプリンと葛湯、それに本葛粉を使ったカレー、シチュー、グラタンです。後はお好み焼きやホットケーキなど、小麦粉の一部を葛に置き換えるようにしています。離乳食の時から葛を使い続けているからか、骨粗鬆症の予防につながるといわれている葛のおかげで子どもの骨折もすぐに治りました。

葛は何にでも使えるところが好きです。自分の好きな硬さ（食感）に調整できるところが実験のようで楽しいです。クリスマスメニューを全て葛入りで作った年もあり、たくさんの可能性を感じさせてくれる葛クッキングは楽しいだけでなく、身体に良いというのはありがたいです。読者の方々に是非おすすめしたいのは手作り胡麻豆腐です。素材の良さが生きた美味しさは格別です。夏はクデュウーにアイス棒を刺して凍らせるアイスキャンディーも子どもには人気です。私にとって葛とは、なくてはならない空気のような存在です。

*「クデュウー」とは、井上天極堂の葛商品の呼称

7

株式会社 井上天極堂
経営企画室　葛ソムリエ　1児の母

岡本 富美子

仕事で用途開発をしたことがきっかけで葛を使うようになり葛歴は23年です。日々葛湯として葛を取り入れることが多いです。水溶き葛に熱々のドリンクを注ぐ、もしくはドリンクに本葛粉を入れて加熱する飲み方は簡単なので色々な味の葛湯を気軽に楽しめる方法としておすすめです。また葛餅やプリンなどのデザートは忙しい日々でも短時間で簡単に作れて子どもにも喜ばれます。粉末タイプの本葛粉は固形より水に溶けやすく便利なので良く使います。私にとって葛とは仕事や家庭の中では身近にあり、歴史的に古くから存在し続けるとても興味深い植物です。

8

株式会社 井上天極堂
品質管理課　葛ソムリエ

吉見 茉梨絵

高校生の頃、奈良県の食材を使ったレシピコンテストに応募することが多々あり、奈良県の特色ある食材として葛を使用するようになりました。それから12年の葛歴です。葛の魅力は「水と葛だけでいろんなものに変身できるところ」だと思います。使い方さえ覚えれば、初心者でも料理の腕前が上がったように感じられる料理が作れるようになると思います。また家庭料理も一味違ったものを作ることができます。私は晩御飯のメニューが1品足りないときは、よく胡麻豆腐を作ります。また、片栗粉の代わりに本葛粉を使うことも多く、あんかけや餃子の羽をつけるときも本葛粉を使っています。クリームソースも頻繁に作るのですが、手軽にさっと作りたいときは葛でとろみをつけています。このように、さまざまな料理に使うことができる本葛粉ですが、使い方は簡単で、本葛粉と水の割合を料理に合わせて変えるだけです。葛：水＝1：2で葛きり・葛シート、1：5で葛餅・葛饅頭の皮、1：8で胡麻豆腐、1：10で葛湯・固めのあんかけ、1：15であんかけ・ソース、1：20でゆるいあんかけ、というように、この割合さえ覚えておけば日々の生活に取り入れることができ、簡単にアレンジもできるようになります。

私にとって葛は、開発のパートナーです。美味しくて面白いレシピを生み出してくれる葛の存在は、料理の自由と創造を広げてくれる心強いパートナーだと思っています。

9

株式会社 井上天極堂
品質管理課　葛ソムリエ

松田 理奈

まだ葛歴が浅いので、上手に活用できているか分かりませんが、片栗粉の代わりとして料理にとろみをつけたり、ケーキなどのお菓子を作ります。ケーキに使うと小麦粉で作った時よりきめ細かい生地になるので気に入っています。私は奈良県生まれ奈良県育ちなので、この地で古くから受け継がれてきた食材の葛を大切にしていきたいと思っています。私たちのような若い世代にも、もっと知ってもらいたいです。

日頃は葛湯として葛を食べています。皆様と共有したいレシピは、杏仁豆腐風の葛湯です。葛根と同じように杏仁も漢方薬に使用される生薬の一つで、喉の調子を整える働きがあるので、少し風邪気味で喉が痛いと感じた時は作ってみてください。とろっとした葛湯を飲むと身体も心もほっこりと温まります。

私にとって葛は、日常のちょっとした贅沢です。少し高価な食材ですが、ささやかな贅沢を楽しむ時に葛を食べると幸せな気持ちになります。

10

株式会社 井上天極堂
品質管理課　葛ソムリエ　4児の母

藤野 布久代

井上天極堂に入社したのがきっかけで葛を使いだして15年経ちます。何と言っても葛のいいところは、バタバタと忙しい毎日でも手軽に使えるところです。水に溶けやすい粉末の葛は自宅で常備して重宝しています。よく作る葛料理は卵焼きで、ふわふわに仕上がるので子どもたちに大人気です。スープに入れると、なめらかな食感が味わえます。八幡巻き、治部煮などの仕上げにも欠かせません。寒い時期に作るあんかけうどんは、とても身体が温まります。おすすめのレシピは葛豆腐です。葛にしか出せないなめらかな舌触りの豆腐ができます。葛の料理は馴染みのない方も多いかもしれませんが、使い方がわかれば意外と簡単にいろいろな料理に使えてとても便利です。忙しい毎日を送っている方と是非共有したいレシピたちです。

11

百代　HAKUTAI
葛ソムリエ

林 愛

平成29年（2017）に「葛ソムリエ講座」を受講して以来、葛利用のさまざまな可能性、特に食生活の分野に興味を持ち日常に取り入れるようになりました。より多くの人が多様な食の選択ができるように、グルテンフリーや植物性のレシピ作りをしています。その中で本葛粉に出会い、レパートリーが増えました。

葛の良さは、料理にもお菓子にも使えるところです。オススメのレシピは野菜リゾットです。フライパンで沸かしたお湯にだし、トマト、水菜などの野菜、ご飯を入れて少し炊き、水溶き葛を入れてとろみをつけます。水分が摂れるリゾットと身体を温める葛は、寝起きの身体を目覚めさせるのには良い組み合わせです。ケーキやクッキーに入れると軽やかな食感に仕上がり、オートミールのグラノーラに入れて焼くとさっくりします。

私にとって葛とは、アイデアを生み出させてくれるマジカル食材です。多様な食スタイルが注目されている海外の方にも葛のおもしろさを発信できればと思います。これからも新たな発見と出会えるのが楽しみです。

LET'S START A KUDZU LIFE.

葛生活を始めよう

CONTENTS

01	葛の基本構造	P.28
02	葛の掘子さん	P.30
03	吉野本葛の製造工程	P.31
04	葛のルーツ	P.34
05	日本の地域ブランドから見た葛	P.40
06	葛利用の地域性 in Japan	P.42
07	粘度で楽しむ葛のグラデーション	P.44
08	葛のグラデーションマトリックス	P.46
09	葛のグラデーションクッキング	P.48
10	Enjoy Kudzu at Home	P.52
11	健やかで美しい葛生活	P.56
12	葛タイムテーブル	P.60
13	葛の神話と歴史	P.62

はじめに

葛は「日本書紀」や日本最古の書物とされている「古事記」にも記載があるように、日本という国ができる遥か昔からこの地に生きていた植物だ。「万葉集」では葛は数えきれないほど詩歌に詠まれてきた。花はその美しさを愛でられ、つるは布（葛布）になり、根は食用（本葛粉）や薬（葛根湯）として活用され、人々の生活に深く根付いていた。そして、今もなお現代に活かされている植物、それが葛だ。

葛は、広くアジア地域に生息している植物であるが、その根からでんぷんを取り、葛餅やあんかけなどさまざまな料理や菓子に利用するのは、日本ならではの風習といえる。このように葛を美味しく食べる技術は世界でも類を見ない。

近年、食の健康への意識の高まりと共に、葛も注目されるようになっている。先人の知恵を受け継ぎ、現代まで引き継いできた日本の伝統産業が「食」を通じて、海を渡り、葛の輪を広げる時がやってきた。

葛にまつわる歴史や神話、効用、地域性、活用法、そしてこの葛産業を守り、文化を伝える人々の姿を通し、まるで絡み合いながら伸びていく「葛のつる」のように広がりゆく葛の物語。

葛をより身近なものに、そして生活の中に取り込むことで、新たな葛ライフを発見しよう。

日本の伝統

和食が海外でも注目されるにつれ、日本の「食」を通じて、「和」の伝統産業が見直されている。山野に自生する葛の根を掘り出し、手作業でもみだしたでんぷんを、手間と時間をかけて幾度もさらす。余計なものを加えず、純粋な葛を残すために、毎日同じ作業を繰り返す。そんな本葛粉作りも日本の素晴らしい伝統産業の一つ。職人たちから職人たちに引き継がれ、洗練された技術を後世に伝える必要がある。しかし、高齢化が進む日本では、担い手不足の問題があり、また食文化の多様化により和食離れも進んでいる。こんな時こそ、ものづくりや食文化を見つめ直す時なのかもしれない。日本には四季があることから豊かな食文化が育ち、和食は無形文化遺産に登録されている。その中で、葛は四季折々姿を変えながら季節を彩る食材に寄り添い、和食の「和」の漢字のように人々の心を和ませる存在であり続けている。

大切にしたいこと

私たちが大切にしたいことは、『本物の葛パワーを伝える』ということ。それは日本には葛という素晴らしい植物があり、根からは純白の本葛粉が採れ、その本葛粉からは涼やかな菓子や身体に優しい料理ができる。葛の料理は私たちを癒し、健康に導いてくれ、葛から作られた工芸品や衣服などの生活用品は、私たちの生活を豊かにしてくれる。そんな限りない可能性を秘めた葛の素晴らしさを伝え、「次世代でも愛される存在であってほしい」私たちはそう願っている。

本書を読んで少しでも葛に興味がわけば、さあ、今からあなたも葛生活を始めよう。

01 葛の基本構造

本葛粉って何からできているの？どんな植物から作られているんだろう。他のでんぷんとの違いを比べてみよう！

植物名（分類）	クズ（マメ科）	ワラビ（コバノイシカグマ科）	ジャガイモ（ナス科）
植物の写真			
でんぷん名（通称名）	葛でんぷん（本葛粉）	わらびでんぷん（本わらび粉）	馬鈴薯でんぷん（片栗粉）
でんぷんの写真			
粒子の写真（1500倍）	10.0μm	10.0μm	10.0μm
使用例	葛餅、葛きり、葛湯、胡麻豆腐	わらび餅、わらび饅頭	料理のとろみづけ、打ち粉
メニューの写真			
100gあたりのカロリー	347kcal	334kcal	332kcal
備考	・粒子が細かいため、なめらかな舌触り。 ・他のでんぷんにはない、マメ科独特のイソフラボンを含んでいる。 ・原料となる葛の根は漢方の原料としても知られているため、葛湯など、身体のことを気づかう方に利用されることが多い。	・葛と同じく食用野草類でんぷんの一つ。 ・わらびの根茎から取り出したでんぷんで、粘りが強い。 ・わらび餅は有名だが、今は甘藷でんぷんやタピオカでんぷんに置き換えられており、わらびでんぷん100％のものは殆ど作られていない。	・北海道で多く生産され、高能率で自動化されており、4時間程度で高純度の馬鈴薯でんぷんが生産できる。 ・糊化温度が低い上、透明で粘着性の大きい糊液ができるため、練り製品や製菓用など業務用としての需要も大きい。 ・「片栗粉」として家庭用にも広く知られている。

葛って、どんなもの？

身近に自生している葛だけど、どんな姿なんだろう。見かけたら立ち止まって観察してみよう。これであなたも葛博士。

花

真夏から秋に赤紫色の花を咲かせ、その香りはブドウのように甘酸っぱい。形は藤に似ているが垂れ下がらず、上向きに咲く。全ての花が開いて満開の状態になることはなく、葛の花房は下から順番に咲き始め、下の花が枯れると真ん中が咲く。

蔓

葛は生命力があり、成長のスピードが早い。夏には1日に40cmほども伸びることもあり、大きな樹冠を形成する。繁殖力が逞しい葛は、土壌保全植物として砂漠の緑化や堤防の決壊防止に利用されている。一方で、ソーラーパネルや標識を覆い隠してしまうという理由で害草扱いされ、駆除の対象になっているのも現実だ。昔は、つるで織った葛布は衣服として利用され、現在でもつるを編んだリースや、かごなどの工芸品が作られている。

葉

３枚１組の葉が特徴。葛の葉は、植物としては珍しく自ら運動するという特徴がある。暑い夏の日の昼下がり、葛の葉は３つの小葉が内側へ閉じるような形で、白い葉裏を見せながら立ち上がり、日暮れ時には、逆に小葉は裏を隠すようにして外側へ閉じる。採取した葉をその日に染めに使うことで、純度の高い緑色が生まれる。材料が豊富なことが草木染の第一条件なので、群生する葛は最適な植物とされている。

莢（さや）

花が咲いた後には莢ができる。枝豆より平たく、産毛に覆われていて、豆は小さい。葉や花がすっかり枯れ落ちた後に残った茶色の莢は、かさかさと乾いた音を立てて風に揺られている。

種

葛の種は黒色で直径約2mm。種で増えることはほとんどなく、地中に根が存在する限り毎年芽を出して成長する。しかし、日本では、地震、火山の噴火や土砂崩れなどで根が流されてしまっても、種が地面に落ちて芽が出ることがある。すぐに発芽するものと、数年から10年以上を経過してから芽が出る場合がある。このように環境が整ってから芽を出すことができたため、太古の昔から存在し続けることができたとも言われている。また、アメリカでは昭和5～15年代（1930～40）にかけて土壌流出防止のために葛が精力的に植えられた際、日本が葛の種子を輸出したこともある。

根

葛のでんぷんを採るには、山野に自生している葛の根を掘り出す。つるが巻き付く大きな木々があると、根も大きく成長する。発芽してから3年から5年で葛の根は直径20～25cmになり、10年以上経った葛の根で2m以上、100kgほどの重さに成長していることもある。ボーリングのピンのような紡錘形で、巨大なさつま芋のように見える。

02 葛の掘子（ほりこ）さん

私たちが食べている葛はどうやって収穫されているのだろう。

葛の根の採取は冬の間にしかできない。毎年12月から3月の1年で最も冷え込む真冬の時期に、「掘子（ほりこ）さん」が山野に自生する根を探すところから始まる。根に含まれるでんぷんの量は冬に向けて増えるからである。「掘るのは長年の勘。この山のどの辺にあるかっていうのは分かる」とベテランの掘子さんは言う。根の採取は重労働で、軽トラック1台分の根を収穫するのに3日はかかる。また、その年の天候によって根の大きさが変わり、大雨、台風また気温の影響で、夏場に栄養分を消耗すると、でんぷんの量は減少してしまう。採取された根から本葛粉になる量は少なく、1kgの根からわずか100gしか採れない。その希少性から、本葛粉は「白い金」や「白いダイヤモンド」と称されている。

▲ 掘子さんによる葛の収穫の様子

03 吉野本葛の製造工程

丁寧に手間ひまかけて作られる本葛粉。純白な本葛粉ができるまでにはどんな工程があるのか見てみよう。

→

→

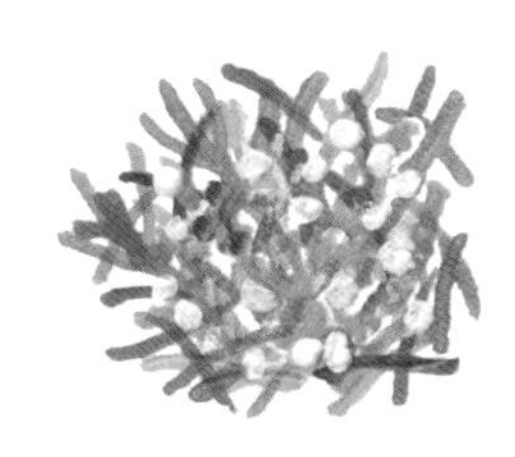

1 原料収集

12月～3月の冷え込む山に、原料となる葛の根を掘子さんが掘りに行く。1本の根を1時間かけて掘り出すこともある。

2 原料粉砕

葛の根を機械で繊維状に粉砕し、でんぷんを取り出しやすくする。

3 粉砕した葛の根

繊維状になった根の中に見える白い粒がでんぷん。

→

→

4 もみ出し

粉砕した葛の根を布袋に入れ、手作業でもみ洗いして丁寧にでんぷんを取り出す。

5 脱水

さらに布袋を絞り、繊維とでんぷん乳に分ける。

6 沈殿

でんぷん乳を一晩おいておくとでんぷんが底に沈む。これを粗葛という。

→

→

7 吉野晒（よしのざらし）

大きな槽に粗葛と水を入れ、撹拌と沈殿を繰り返す。約2週間かけて行い、純白の吉野本葛に仕上げる。

8 カット・乾燥

乾燥しやすいように石けんくらいの大きさに切り、斜めに立てかけるように並べる。乾燥室で1～2週間かけて乾燥させる。

※昔は木箱に並べて3ヶ月かけて乾燥させていた。

9 商品（完成）

伝統製法を守り、手間と時間をかけて作られる本葛粉は「白いダイヤモンド」とも呼ばれる。

まっすぐなまなざし、
まっしろな吉野本葛。

葛の匠　巽 信吾

葛の匠　平古場 良

04 葛のルーツ

自然界から恵を受けた貴重な食材、吉野本葛。昔の人々にとってはどのような存在だったのだろう。また、どのように食されていたのだろうか。「吉野」が葛の聖地になった歴史をたどってみよう。

茅原山吉祥草寺
役行者(えんのぎょうじゃ)誕生地

7～8世紀に奈良を中心に活動していたと思われる役行者の誕生地である御所の「吉祥草寺」を訪れた。役行者は修験道の開祖とされている人物であり、奈良時代から傑出した山伏(山野に伏して修業し、呪術的験力を獲得した者)の代表的存在として知られている。伝説では、山をまるで飛ぶように駆け抜けたといわれ、また修行中に葛の根を水で晒して、でんぷんを採る製葛技術を習得し、立ち寄り先で製葛法を伝授したともいわれている。謎多き役行者と葛のつながりを少しでも知るべく、吉祥草寺の山田哲寛さんに話を聞いた。

山田哲寛さん

「役行者が信仰していた山岳信仰とは、自分が苦しむことでどこかで誰かが助かっていると思う事です。役行者も人々を助けながら苦行に励んでいたのでしょう。だからこそ滋養のために葛を摂取していた可能性もあるのではないでしょうか」と教えてくれた。「修行中は身体が丈夫であること、怪我をした時に早く治すことが必要なので、当時、化学的な根拠はなくても経験から葛の薬効を知っていたのではないか」と、山田哲寛さんは話す。役行者と言えば薬草の知識が豊富であったことも知られており、修行を始めた葛城山も薬草の宝庫として知られている山である。松の葉などの薬草を利用していたそうで、葛も浄化作用のある万能薬として食していたのではないかと推測できる。僧侶は当時の学者で知識がある故に、人々の苦痛を和らげることができたので尊敬されていた。

また、役行者が葛の衣を着ていたというのは、事実である可能性が高いという。きちんとした衣服がなかったこの時代、身近な植物の繊維から服を作るということは十分にあり得る。山伏の結袈裟も葛の蔓を巻いて作り、首に下げたという伝説もある。

ここには役行者がまだ若い時の、髭の生えていない等身大の像がある。通常は髭のある老人姿のものが多いが、吉祥草寺は生まれた場所であるということからこの像がある。役行者は17歳で葛城山、19歳で大峰山と順に山々を回り、32歳で全国行脚に出るにあたり母親のために自ら彫刻し、置いて行ったという。

山田哲寛さんは乾燥生姜を自身で作り、夏こそ冷えるので、夏に生姜湯を作って食べている。江戸時代葛湯も甘酒も本来は夏の食べ物だったそう。

役行者の話は、全て口頭で伝えられており証拠となる文献はないが、苦行の中での功績と献身的な姿が代々語り継がれ、現代私たちが葛を食品として食べているのも、彼らの知恵と教えがあってこそだと改めて感じた。

茅原山吉祥草寺
奈良県御所市茅原279
TEL 0745-62-3472

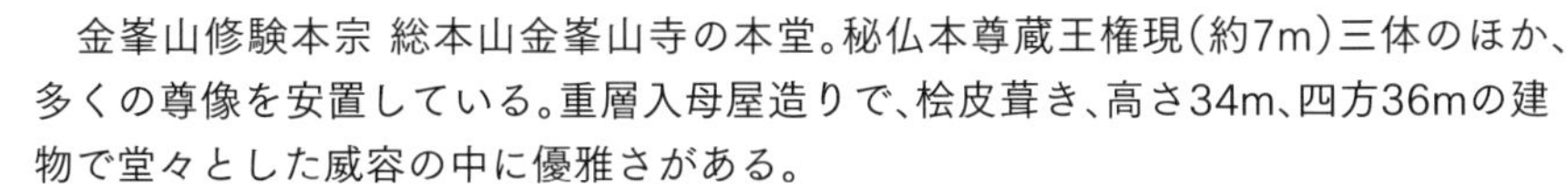

総本山金峯山寺 本堂·蔵王堂(国宝)

役行者創建の地

金峯山修験本宗 総本山金峯山寺の本堂。秘仏本尊蔵王権現(約7m)三体のほか、多くの尊像を安置している。重層入母屋造りで、桧皮葺き、高さ34m、四方36mの建物で堂々とした威容の中に優雅さがある。

金峯山寺内では古くから、白鳳年間に「役行者が創建された」と伝えている。また、奈良時代に「行基菩薩が改修された」とも伝えている。その後、平安時代から幾度か焼失と再建を繰り返し、現在の建物は天正20年(1592)頃に完成。大正5年(1916)から13年にかけて解体修理が行われ、昭和55年(1980)から59年(1984)にかけて屋根の桧皮の葺き替えを主として大修理が行われた。

金峯山寺では現在、令和9年度(2027)の完成を目指して、国宝仁王門(延元3年(1338)頃再建されたとされる)の解体修理大事業が進められる。その修理勧進のお願いと共に、修理勧進のために「秘仏ご本尊特別ご開帳」を平成24年(2012)より毎年一定期間行っている。

総本山金峯山寺
本堂·蔵王堂

奈良県吉野郡吉野町吉野山
TEL 0746-32-8371

高野山真言宗 別格本山 南院

精進料理と葛

高野山　南院

和歌山県伊都郡高野町高野山680
TEL 0736-56-2534

高野山の名物の一つでもある胡麻豆腐は、精進料理の一品として欠かせない。今ではお土産として買う人や、宿坊で精進料理を食べ、修行体験をする人も多くなっている。弘法大師空海が弘仁6年(815)に真言密教の根本道場として創建した霊山である高野山境内の、別格本山「南院」に、精進料理である胡麻豆腐と葛のつながりをうかがいに訪れた。

精進料理は、仏の教えの一つである「殺生戒の思想」に基づいて、動物性食材を取り入れない僧侶の食事として供されてきた。

植物性の食材から調理される精進料理は、いかに旨味を出し、栄養豊富な料理に仕上げるかが創意工夫されている。季節の食材や特産品を取り入れることも、精進料理では重んじられている。南院では「五法」「五味」「五色」の組み合わせを大切にした食事が作られていると南院住職夫人内海恭子さんが教えてくれた。

五法:生のまま、煮る、焼く、揚げる、蒸す調理法
五味:砂糖、塩、酢、しょうゆ、辛の味
五色:赤、緑、黄、白、黒の色彩

内海恭子さん

胡麻豆腐

僧侶の修行の一環として作られていた精進料理の中でも、胡麻豆腐は丹念に胡麻をすり潰すことが修行とされていた。胡麻·本葛粉·水のみで作られる胡麻豆腐だが、すり潰された胡麻を固める食材が吉野本葛でなければならない理由は、動物製品であるゼラチンを避けるため、そして寒天にはない葛にしか出せない弾力性、なめらかな舌触りや胡麻の旨味を引き出すところにある。古来から長寿の食品といわれる栄養価の高い胡麻と、エネルギー源となる本葛粉を摂取することで、僧侶の健康を支えていたのかもしれない。近隣の吉野の地で採れる葛を使っているのも理にかなっている。精進料理には「本膳」と「二の膳(三の膳が含まれることもある)」があり、南院ではお客様の左側に置かれる平には必ず胡麻豆腐をお出しするそう。またここでは夏、冬ともに温かい料理として葛を取り入れており、この日のお膳には里芋の煮物に葛あんが使われていた。

ところで、南院に保管されている文献によると勝利寺の献立表に「葛」の記載が見られ、乾物類に「葛粉」また調味料類にも「葛」が使われていた記録が残っている。「饗応の膳」と呼ばれる精進料理の中で「葛かけ」として食されていたそう。医食同源と言うが、やはり身体に良いものを摂る習慣が昔からあったのではないだろうか。

僧侶の食事、修行の一環で作られていた精進料理だが、それが質実剛健な生活を目標とする武士の生活にも取り入れられ、次第に寺行事のふるまいなどで庶民にも広がってきたといわれている(「日本食物史」)。

江戸時代の前頭 大和國
吉野葛
監修 植松美恵子

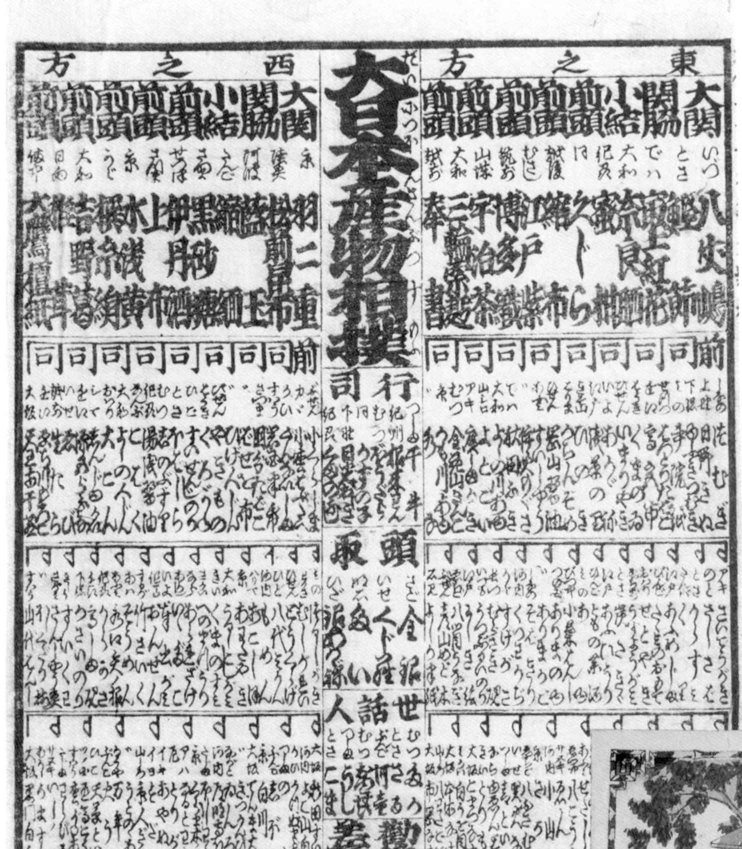
著者不明（出版年不明）
「大日本産物相撲」

見立番付に登場（特産物の紹介）

見立番付の一つ『大日本産物相撲』に、西之方の前頭に「大和 吉野葛」が取り上げられている。東之方の前頭「大和 三輪素麺」とともに大和国を代表する食材として世に知られていたことが分かる。

三代歌川広重（1877）「大日本物産図会」

三代歌川広重（1877）「大日本物産図会」

本葛粉の作り方

明治10年（1877）に開かれた第1回「内国勧業博覧会」で販売され、日本全国の名産品と生産の様子が描かれた《大日本物産図会》に、葛粉作りが描かれた『大和國葛之粉製図』がある。《大日本物産図会》は、一つの国が2枚で構成され、別々の品が描かれることが多かったが、「大和國」は2枚とも葛が描かれている。このことから、大和國において、いかに葛が重要産物であったかがわかる。

本葛粉・葛饅頭に関する記載

『童蒙画引単語篇』には「和州吉野にて製するを上品とす」、『商売往来絵字引』には「葛は和州吉野を最上とす」と吉野葛の当時の価値が記された記載がある。また『古今智恵枕』には葛饅頭の作り方が書かれている。

又玄斎南可（出版年不明）「商売往来絵字引」

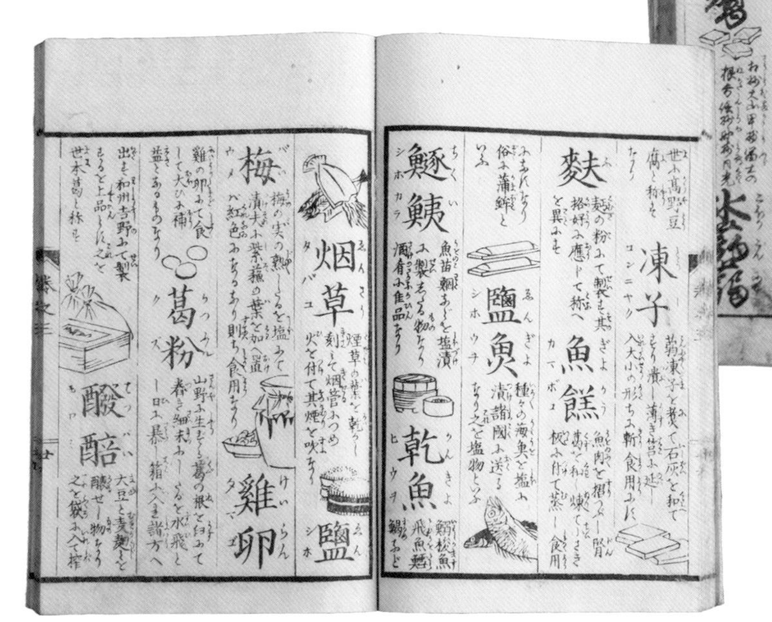

松川半山（1875）「童蒙画引単語篇」

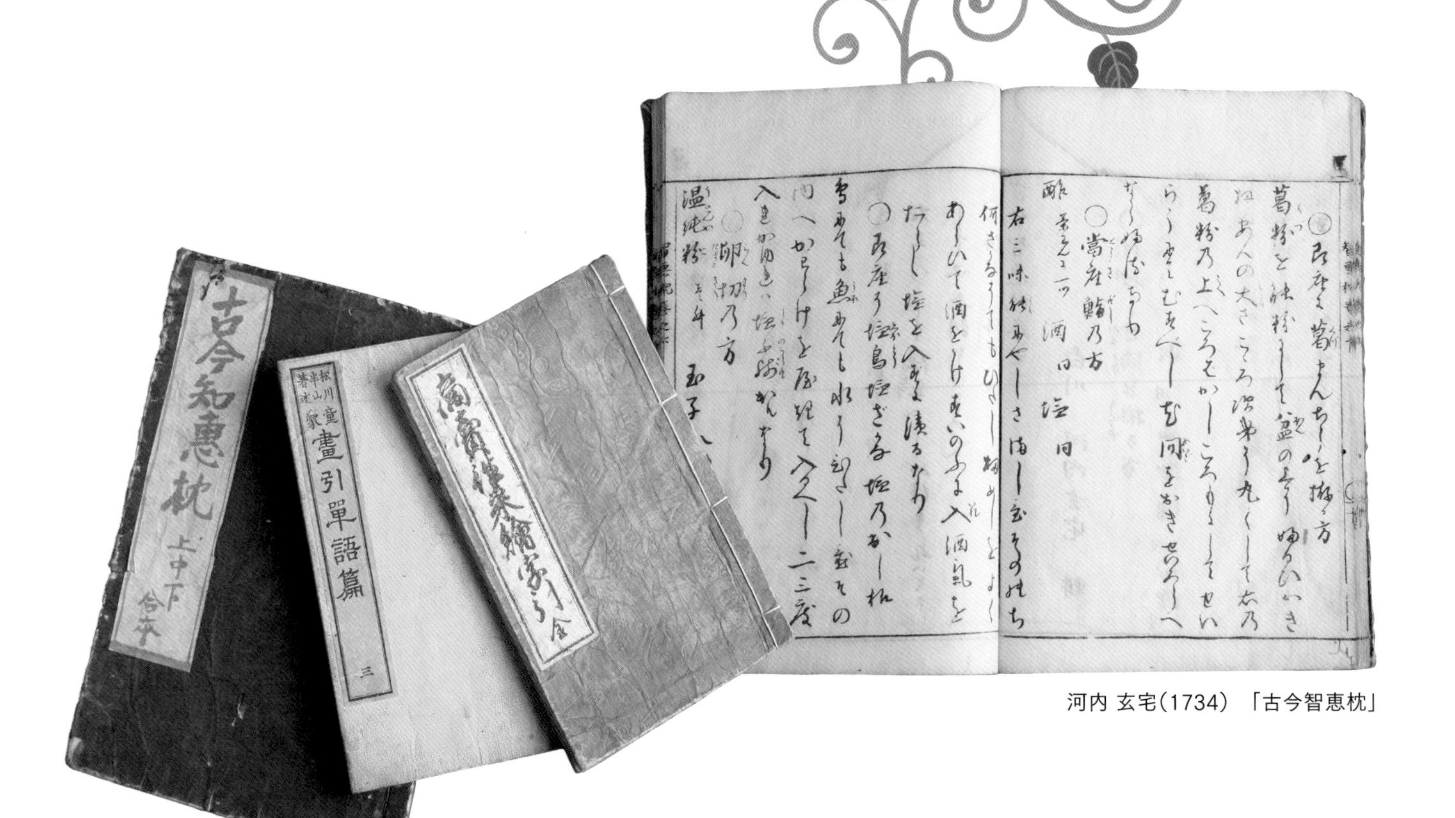

河内 玄宅（1734）「古今智恵枕」

芳盛（1862）　「流行麻疹退散の図」

飢餓を救った葛

今や本葛粉は料理に使われ、菓子として嗜むものになっているが、江戸時代は、飢餓を救う食べ物として人々を支えていた。『公益国産考』等の農書の著者として知られる大蔵永常（おおくらながつね）が著した『製葛録（せいかつろく）』によると、飢餓の年には皆が葛の根を掘り、本葛粉づくりをし、それにさまざまなものを加えて食していたことが記されている。また、本葛粉を作る過程で出る細かな粕を水のうで濾し、ご飯に混ぜて炊いていたことや、飢餓の備えとしてこの粕を貯蔵し、麦や米で作る団子に混ぜて食べていたことも書かれている。

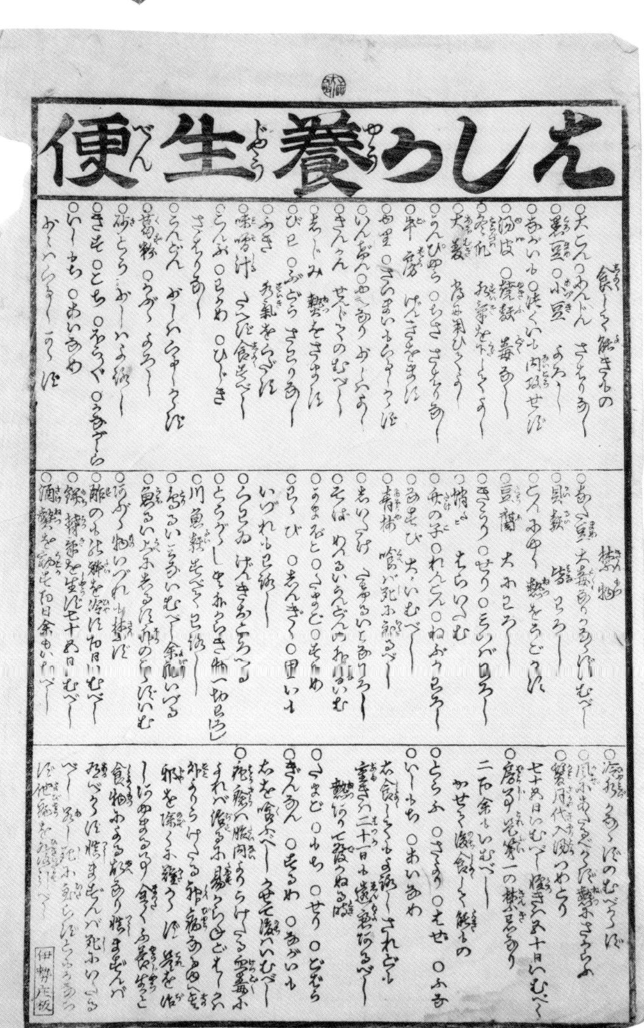
はしか養生便

はしかの時の葛

『はしか養生便（やうじゃうべん）』には、「食して能きもの」の中に「葛粉」「よろし」と書かれ、『流行麻疹退散の図』には、「食てよいもの」の中に「葛のこ」が描かれている。医者に診てもらったり薬を買ったりすることがままならなかった庶民にとっては、こういった絵は貴重な「医者代わり」であった。

著者不明（1862）「はしか養生便」

05 日本の地域ブランドから見た葛

吉野本葛を守り抜いてきた秘訣とは？！熱きトークが導く葛の姿とは…

―次世代へつなぐ 世界でたった4社の 代表が語る―

吉野葛製造事業協同組合（株式会社森野吉野葛本舗、株式会社黒川本家、灘商事株式会社、株式会社井上天極堂）は、昭和58年（1983）8月19日に設立された。組合員は、「吉野本葛」の魅力は純度が高く品質が良いことにあると考えていた。ところが戦後、多く出回った葛は、本葛が数パーセントしか入っていないものも多くあり、本来の葛の品質を維持することが難しくなっていた。このような状況の下、本葛の品質を正しくお客様に認識してもらう手段が必要と考え、平成19年（2007）7月20日に地域団体商標として「吉野葛」と「吉野本葛」を登録した。これにより奈良県吉野地方で精製された葛粉には、登録商標として商品名に付けることが可能になった。今回、吉野本葛ブランドを守り抜いてきた代表たちの会談を開いた。

―― 吉野葛製造事業協同組合 ――

株式会社 森野吉野葛本舗
代表 森野智至 氏

16世紀中頃創業、大和国吉野郡下市にて葛粉の製造を始める。後に、与右衛門貞康が葛粉の製造により適した寒冷な地と良質の水を求めて現在の「大宇陀」に移住し、代々吉野本葛製造を受け継ぐ。

株式会社 黒川本家
専務 黒川伸一 氏

元和元年（1615）創業、京都にいた初代黒川道安が吉野から葛粉を取り寄せ、そこから大和松山藩（現 奈良県宇陀市大宇陀地区）に移り、現在まで伝統製法で「本物の味」を守り続けている。

灘商事 株式会社
代表 西灘久泰 氏

昭和40年（1965）創業、「身体に良いもの、自然のもの、長く親しんでいただけるもの」の思いを大切に、時代とともにさまざまな葛菓子を展開している。昔ながらの風味と食感の葛入りの干菓子は、古くからお土産としても愛されている。

株式会社 井上天極堂
代表 井ノ上昇吾

明治3年（1870）創業、吉野本葛を中心に、和の素材と食材づくりの業を守り続け、31年前（1987年）の法人化を機に“天の恵みを極める”という使命を忘れないよう社名を「井上天極堂」と改めた。葛を通じて和の食材や暮らしの豊かさと健やかさを伝えている。

地域ブランドの魅力
― 吉野の恵 ―

吉野本葛は、寒冷な冬の気候、清らかで豊富な水による「吉野晒」と呼ばれる昔ながらの自然製法を用いている。そのため、製造時の気候や水が品質に影響を与える。このような自然条件のもとで商品を作り続けてきたことから、変わらぬ品質を保持している。消費者と生産者の長い信頼関係によって支えられているところも吉野本葛の魅力である。商品の品質や機能だけでなく400年以上にもわたる歴史があり、その地域の人々の暮らしぶりが深く関わっている。地域ブランドは、地域の力によって生まれ、育てられ、そして守られている。

日本の食文化を優しく包み込む吉野本葛

吉野の清らかな自然が生み出す伝統製法“吉野晒”

「奈良の吉野地方は、寒冷で、緑濃い山々に囲まれており、良い水があります。『吉野晒』と呼ばれる伝統的な葛の晒しの製法は、この環境から生まれました。純白に仕上げる葛粉の精製に適した環境に恵まれ、この製法を代々受け継いでいます」(黒川氏)

料理の素材を引き立てる、なくてはならない存在

「吉野本葛は、大阪、京都などの和食文化の中心地になくてはならない食材として、昔から提供され続けてきた実績があります。吉野本葛は、それ自身が料理の主役になることは多くはありませんが、上品な食感と風味で、主となる食材を温かく優しく包み込む役割を持っています。繊細さを求められる料理やお菓子には欠かせない存在であり、これが吉野本葛の魅力です」(森野氏)

心身ともに安らぐ
― 医食同源を実現する葛 ―

「吉野本葛は、医食同源も実現します。子どもの頃から風邪の時など、よく葛湯を飲んでいました。栄養豊富で、食欲がない時にも重宝します。現在は、生姜やおしるこ風味の葛湯もあり、お湯で溶くだけの手軽さも魅力です」(西灘氏)

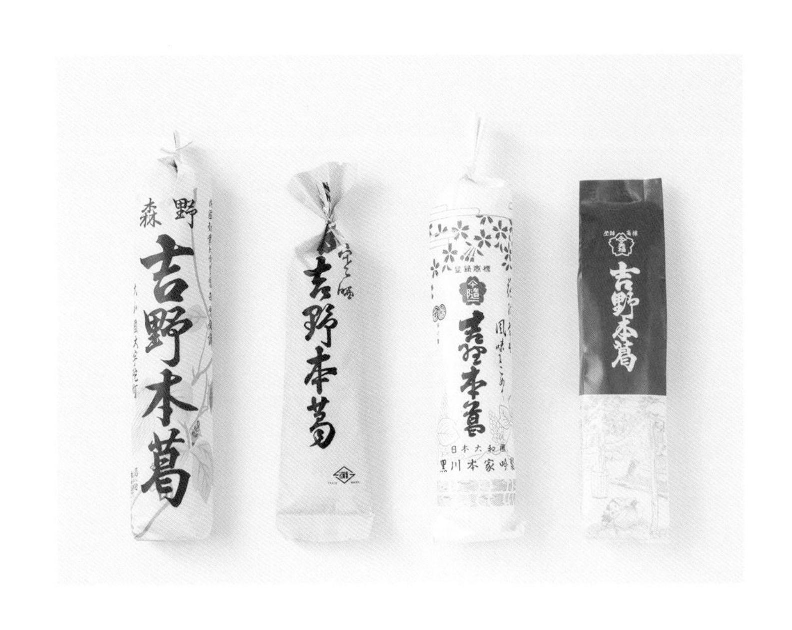

― 葛の未来の可能性 ―

「食生活の多様化により、吉野本葛の認知度が下がっていってしまうのではと懸念しています。葛の従来の用途にこだわらず、新しい利用法の開発や認知度を回復させることで、葛はもとより、日本古来から特有の食文化を再認識できる機会を作りたいです」(森野氏)

「吉野本葛には、『お腹を満たすだけでなく、心を満たす効果』がありました。しかし今日、日本では世界中の食材があふれ、さまざまな国の料理が手軽に楽しめるようになっています。そのため日本が古来より育んできた食文化を取り入れる機会が少なくなっており、これは見方を変えると、多忙な現代人にとって、食の目的は『お腹を満たすだけのもの』になってしまっているようにも思います。そんな今日だからこそ当店では、葛のイメージや効能を改めて捉え直しながら、現代生活に溶け込む新たな利用法を創造し、皆様に伝えたい。これによって、古き良き日本の食文化が持っていた美しさや味わい深さ、安心感を再認識していただけると考えています。そして、より多くの人々の日常に、吉野本葛が益々身近な存在になることを願っております。良質な原材料を安定的に確保するため、山間部の地域に根ざした自然環境作りが重要だと考えます」(黒川氏)

「安価な加工でんぷんが主流になっているこの時代に、いかにして吉野本葛を広めるかが問題です。高価でもこだわって使ってくださる業者・一般消費者の発掘が必要だと考えます。そして、継続利用していただけることが大切ですので、今後も魅力の発信に取り組み続けたいと考えています。また、吉野山の活性化にも取り組んでいきたいです。個々での活動には限界があります。折角、組合を作っているので、手を取り合って物事に取り組んでいきたいです。そういう意味では、平成28年(2016)に初めて開催された組合で取り組んだクリスマスイベントは、団結力が発揮される機会だったので、このようなイベント等を今後も継続させていきたいです」(西灘氏)

「葛についての研究は今もなお続けられており、葛にはさまざまな効果や効能があることが科学的に実証されつつあります。井上天極堂では最近、「奈良県産業振興総合センターバイオ・食品研究グループ」との共同開発により、葛の乳酸菌は、健康食品に大きく貢献できるということを発見しました。日本人は古くから発酵食品として納豆、味噌、漬物、しょうゆ、酢などを食べてきたので、日本人の身体には、発酵食品に含まれる植物性乳酸菌の方が相性が良いといわれています。葛についての研究が今もなお続けられている中で、今後も葛が秘める可能性に着目し続けたいと思います」(井ノ上)

06 葛利用の地域性 in Japan

「葛って食べるだけじゃないんだ！」 葛の強い生命力と人の知恵が生み出す葛製品の数々。
「余すことなく使える」魔法の植物。

島根 葛茶・葛シャンプー
（有限会社タナベ）

葛を地域資源として人々の美容や健康に活用すべく、平成25年（2013）から島根県産業技術センター研究員の協力を得て、葛100％の商品開発が行われている。出雲は薬草の宝庫であり、「出雲国風土記」には多数登場する薬草の一つに葛が記載されている。葛の葉と茎で作ったほうじ茶や粉末茶、葛じゅれ、また葛エキスを活用したシャンプーやトリートメントなどの商品が開発されている。

兵庫 つる工芸
（葛のつる工芸教室）

兵庫県丹波市（旧 山南町）で、葛のつるを、かごやオブジェとして編むつる工芸の教室が開かれている。平成3年（1991）フィリピンのピナトゥボ火山が噴火した際、葛は家畜の飼料にもなるため、葛の種を送ろうといった取り組みが公民館事業として始まった。種だけでなく、これをきっかけに葛のつるも活用してかご作りを始めたのが、つる工芸の始まりである。太さが不揃いで個性的な葛のつるで編む、「世界に一つしかないかご」作りが今も続いている。

葛シャンプーと葛トリートメント「神結」

つる工芸作品

奈良 吉野葛

三重 伊勢葛

福岡 秋月葛

石川
島根
福井
兵庫
福岡
静岡
三重
奈良
鹿児島

鹿児島 葛

P.86

（株式会社 廣久葛本舗、株式会社 都食品、株式会社 廣八堂）

さつま芋で知られる鹿児島は日本有数の葛の産地でもあり、鹿児島特有の伝統製法が受け継がれている。鹿屋市に工場をもつ「廣久葛本舗」は純国産・本葛専門で家業を守り続けている。曽於郡に工場を構える「都食品」では葛粉の生産だけではなく、水はけの良い火山灰を含んだ土地の性質を活かして葛を畑で栽培する取り組みも始めている。垂水市に新工場を持つ「廣八堂」では原料の安定供給のために、甘藷でんぷん用に編み出された製法を葛に応用し、効率のいい本葛粉の供給につなげている。

石川　宝達葛

P.63

羽咋（はくい）郡宝達志水町には、450年以上の歴史を持つ宝達葛がある。中世末期、宝達山が金鉱山として栄えていた頃、採掘作業の傍ら鉱夫（こうふ）の健康管理に役立てるべく漢方薬として本葛粉作りが始まった。宝達葛は、ミネラルが豊富に含まれた冷たい宝達山の伏流水を使って生産される。現在6人の生産者が昔ながらの技術を守ろうと「宝達葛友の会」を結成し、「宝達葛会館」にて手作業で葛粉作りを続けている。

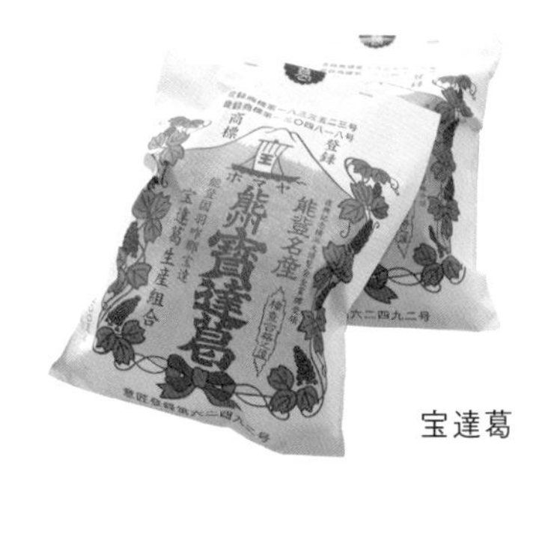

宝達葛

福井　熊川葛

福井で獲れた鯖などを京都に運ぶ宿場町として、江戸時代から栄えた「熊川宿」では、かつて、農家が葛の根を掘り、晒し屋が晒した本葛粉も京都に出荷されていた。現在では商業用ではなく、数年前から町おこしのために有志による本葛粉作りが復活している。

葛酒の「葛花ふぶき」

兵庫　葛酒
（西海酒造株式会社）

瀬戸内に臨む播磨地方南東部に位置する町、明石。豊富な海の幸に恵まれたこの地に、兵庫名産山田錦を原料とし、米作りから酒造りまでを一貫して行う享保元年創業の「西海酒造」がある。平成9年（1997）から、イソフラボンを含む吉野本葛を日本酒に掛け合わせたお酒の開発に取り組み、3年の試行錯誤を経て、「葛花ふぶき」が誕生した。国内で唯一限定生産している。

静岡　葛布

P.68

（小崎葛布工芸株式会社·大井川葛布）

静岡には、昔、行者が修行中に水にさらされて白くなっている繊維を見つけ、葛布の作り方を人々に伝えたのが始まりといわれている葛布織りがある。葛を刈り取り発酵させるところから葛布を織るまで、全て丁寧な手作業で行われており、工芸品や小物、帯や衣服を作り続けている。

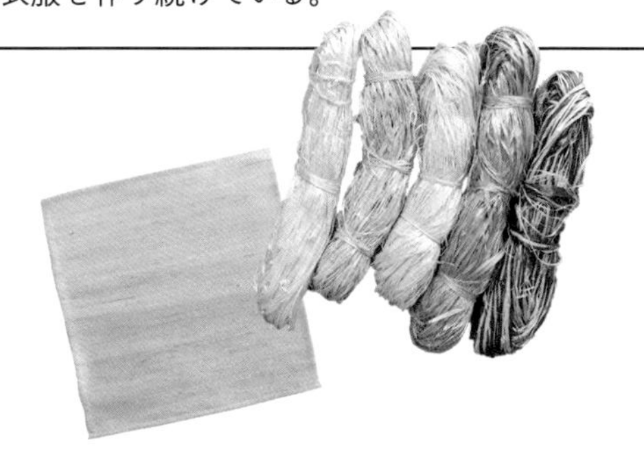

葛和紙繊維ブランド製品

葛和紙繊維

奈良　葛和紙繊維
（奈良県繊維工業組合連合会）

連合会では、奈良の代表的な自然素材である葛を隅々まで活用することで、地域振興、また地域経済の発展に貢献することを目標に、吉野本葛の原料である葛の根を使用した「葛和紙繊維」を開発した。葛でんぷんを取り出した後、廃棄物となっていた葛の根は、柔らかく肌触りの良い繊維にするために幾度も改良が重ねられ、現在はセーターや靴下など、環境に優しい商品として利用されている。

07 粘度で楽しむ葛のグラデーション

本葛粉と水の割合を変えると何通りもの料理ができるっておもしろい！コツをつかめばあなたも葛の虜に…?!
葛の多様なテイストを楽しんでみては。

本葛粉の溶き方のポイント

・ボウルに本葛粉と水を入れ、よく溶かす。
・時間が経つと沈殿してくるので、使用前によくかき混ぜる。
・葛きりなどなめらかな舌触りにしたいものは、粉末を利用すると早くきれいに溶ける。

＊固形は溶けにくいので、丁寧に溶かすこと
＊固形を粉末にしたい場合は、すり鉢かフードプロセッサーですりつぶす。
＊葛打ちなど食材にまぶす時や、ケーキなど他の粉体と混合させる時は粉末が便利。

出来上がりの目安

火にかけ、粘り気が出て全体に透明感·つやが出れば出来上がり。

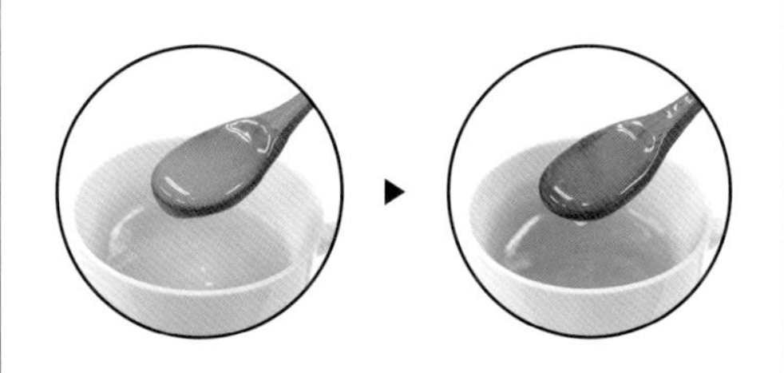

＊白く濁っている場合は、加熱不足。

固形／粉末

葛打ち（葛たたき）、
揚げ物、焼き物、
煮込み料理、洋菓子

食材の表面に薄く本葛粉をまぶし、さっと湯がく葛打ち（葛たたき）として活用できる。牡蠣やエビなどの魚介類、鶏肉、冬瓜などの野菜に本葛粉をまぶすことで茹で上がりの食感がつるんとするのが特徴。食材の表面を葛でコーティングするので、旨味が流出するのを防ぐ。小麦粉やコーンスターチの代用としても使えるので、グルテンフリーの洋菓子にも大活躍。

奈良茶飯 P.48
葛打ち（葛たたき） P.102-104,P.120
焼き物 P.114,P.123
煮込み料理 P.137

1.8～3倍

葛きり、あんみつ、
酢の物、サラダ

つるんとしてしっかりとした噛みごたえ。夏の暑い時期につるっと喉を通る、和菓子を代表する葛きり。葛独特のなめらかさ、透明感は食べる人を虜にする。甘味として黒蜜と食べるのはもちろん、おかずの一品として酢の物やサラダに入れると清涼感のある一皿に。シャキシャキした野菜と、もちっとした葛きりの食感を活かして、さまざまな料理とのコラボレーションを楽しもう。

葛きり P.48,P.143

4～5倍

葛餅、
葛餅入りぜんざい

温かい時は伸びがあり、冷めると弾力がある。型からつるんと剥がれる硬さ。出来立ての葛餅は、外は冷たく、中はほんのり温かいデザート。黒蜜ときなこで食べる葛餅は、春夏秋冬どの季節にも合う昔ながらの優しい味わい。葛餅をスプーンですくってぜんざいに入れると、もちもちぷるぷるの葛餅入りぜんざいの出来上がり。

葛餅 P.49

5～6倍

葛饅頭

温かい時は伸びがあり、冷めると弾力がある。上生菓子とされる葛饅頭は、その透き通った瑞々しさが涼を呼ぶ。なめらかな舌触りのこしあんとの相性がよく、葛が素材を引き立てる。さまざまな具材でアレンジができ、エビやオクラなどを包めば食卓を華やかに飾るお料理に。作り方はラップの上に葛饅頭の生地、具材、生地と重ね、ラップで包んで輪ゴムで留め、氷水で冷やせば出来上がり。

葛饅頭 P.49

葛をおいしく食べるポイント

Point 1　火をしっかり通すこと

最大のポイントは糊化（α化）させること。本葛粉はご飯と同じでんぷん。でんぷんはそのまま食べると消化が悪く、風味もない。しかし、水と熱を加えることで糊化する。本葛粉も他のでんぷんと同様で、そのまま口に入れても粉っぽく風味はないが水を加えて充分に加熱することで、葛湯や葛餅のようにとろりとした粘りのある食感やぷるんとした食感になり、豊かな味わいと透明感が生まれる。
火の通りが弱く白っぽい状態で器に盛り付けてしまった場合は、電子レンジで透明になるまで(30秒〜)温めると良い。

葛をおいしく食べるポイント

Point 2　作り立てを食べること

葛料理は出来立てが命。時間が経つとご飯がパサパサになったり、パンが固くなるのと同様で、葛も時間が経つと糊化したでんぷんの組織から水が分離し、部分的に生でんぷんに近い状態になる。この状態を老化（β化）という。本葛粉が老化すると出来立ての透明感がなくなり、白く濁ったようになってしまう。この老化現象は60℃以上ではほとんど起こらないが、温度の低下と共に早く進行するようになる。

8〜10倍

胡麻豆腐、
葛練り、葛プリン

温かい時は粘りがある。水だけで加熱した場合は、型から剥がすのが難しい硬さ。牛乳や胡麻と合わさることでもっちりとした弾力になる。精進料理として作られている胡麻豆腐にも吉野本葛が使用されており、その歴史は長い。水の代わりに牛乳や豆乳を使用すると葛プリンを作ることもできる。

胡麻豆腐 P.96-97
葛練り P.50
ホワイトソース P.134
トマトソース P.138

15〜25倍

葛湯

粘りが少なくとろみがある。とろみのついた飲み物である葛湯は身体を温めてくれると同時に、なめらかさが心まで癒してくれる。お気に入りのフレーバーを見つけて自分だけの葛湯を作ってみて。また市販のルーを使わずにカレーやクリームシチューを作ることができる。お鍋に材料を入れて炊き、仕上げに水溶き葛粉を入れると出来上がり。

葛湯 P.50

26〜35倍

あんかけ、
ドレッシング

とろみがある。食材の旨味をとじ込めてくれるあんかけは、葛で作ると食材との一体感が生まれる。葛の粒子のきめの細かさが食材にいきわたり、口に入れた瞬間に食材と葛のとろみがふわっと広がる。ドレッシングやソースにも葛を活用できる。ジュレ状になった調味料は食材に絡みやすいだけでなく、舌の上で味を感じやすいので、塩分の取りすぎ防止につながる。

あんかけ
P.51, P.98-101, P.141
葛和え衣
P.105-107
ドレッシング
P.120, P.128, P.130-131

65倍〜

お吸い物、スープ、
お粥、鍋料理

わずかにとろみがある。和食の基本である一汁三菜に葛をプラスしよう。毎日の食事に少しでも葛を取り入れることができるのがこの割合。お吸い物、スープの他に、水分が摂取でき消化にいいお粥などに入れることで、胃や循環器の働きにつながる。また鍋料理に入れるなどのレパートリーを楽しんでみて。

スープ
P.51, P.113, P.115, P.118, P.121, P.128, P.137, P.140

08 葛のグラデーションマトリックス

食事の楽しみにつながる食感の変化。その日のメニューを表に当てはめて毎日のお料理に役立てよう。

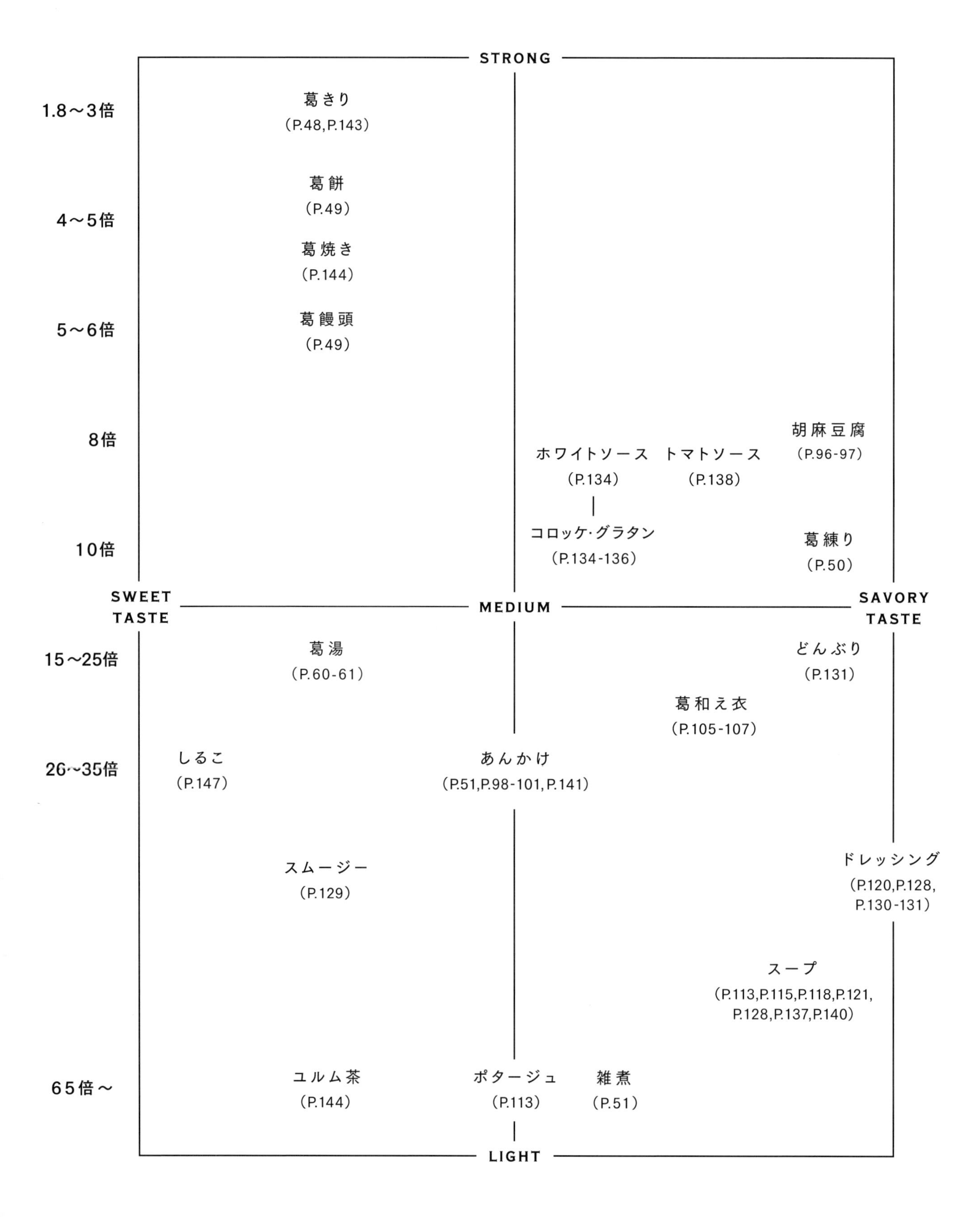

つるん
とろり
LET'S START A KUDZU LIFE.
つるり
さらり
ふんわり
なめらか
ぷるり
ふっくら
もっちり
カリッ

09 葛のグラデーションクッキング

古くから伝わる奈良の郷土料理や葛のお菓子は、昔から自然と共存し、山の恵をいただく中で生み出されてきた。そして今も食べ継がれている。本章では、本葛粉を入れてアレンジした郷土料理や、家庭で気軽に作れる葛菓子をご紹介。本葛粉と水の割合を変えることで広がる葛のグラデーションを楽しもう。

固形 / 粉末

奈良茶飯
Nara Chameshi

INGREDIENTS / 材料　4人分

ほうじ茶(茶葉)	小さじ1	酒	大さじ1
熱湯	400cc	塩	小さじ1/2
大豆	1/3カップ	薄口しょうゆ	小さじ1
米	1.5合	本葛粉	大さじ1
もち米	0.5合		

METHOD / 作り方

1. ほうじ茶葉に熱湯を注いで抽出し、冷ましておく。
2. 大豆を弱火で空炒りし、ヒビが入ったら火から下ろして冷ます。大豆が冷めた後、皮が剥きやすいように水に浸け、皮を剥く。
3. 米、もち米を合わせて洗い、ざるに上げる。(30分〜1時間)
4. 炊飯釜に米、もち米、酒、塩、薄口しょうゆ、本葛粉、抽出したほうじ茶を入れて混ぜる。
5. 最後に大豆をのせて炊く。
6. 炊き上がったら10分ほど蒸らし、底からかき混ぜ、器に盛り付ける。

1.8 〜 3 倍

葛きり
Kudzukiri

INGREDIENTS / 材料　4人分

[葛きり]		[大和茶のみつ]	
本葛粉	140g	大和茶(抹茶)	大さじ1
水	280cc	甜菜糖	150g
		水	150cc

METHOD / 作り方

[葛きり]

1. 流し缶が入る大きさの鍋にお湯を沸かし、沸騰したら中火にする。大きめのボウルに冷水をはっておく。
2. 別のボウルに本葛粉と水を入れ本葛粉をよく溶きのばす。
3. (2)の4分の1量をこし器でこしながら流し缶に流し入れ、トングか布で流し缶の端をつかみ、流し缶の底面を湯せんし前後に揺らして葛の厚みを均一にする。
4. 表面が乾いたら流し缶をお湯の中に沈め、葛きりが透き通ったら冷水をはったボウルに流し缶を水に浸けて冷やす。
5. へらなどで葛きりを剥がし、まな板の上に三つ折りにし、1cm幅に切る。

※ 葛きりがくっつかないように、まな板と包丁は濡らしておき、包丁を水で濡らしながら切る。

6. 器に葛きりと氷水を入れて盛り付け、みつにつけてお召し上がりください。

※ 本葛粉は沈殿しやすいため、流し缶に入れる前に再度かき混ぜる。

[大和茶のみつ]

1. 大和茶パウダーは茶こしでふるっておく。
2. 鍋に甜菜糖、水を入れ一煮立ちさせる。
3. 火を止め、大和茶パウダーを入れて泡立て器でよくかき混ぜる。
4. みつを冷やす。

レシピ監修 / HAKUTAI

4～5倍

葛餅

Kudzumochi

INGREDIENTS / 材料　4人分

本葛粉	80g
砂糖	20g
水	400cc

[黒みつ]

黒砂糖	75g
水	75cc

[きな粉]

きな粉	適宜
きび砂糖	適宜
塩	適宜

METHOD / 作り方

1 鍋に本葛粉、砂糖、水を入れ、よく溶きのばす。

2 中火にかける。

3 半透明になってきたら弱火にし、つやが出て透明になるまで練り上げる。

4 透明になったら、お椀に4等分し、流水で冷ます。

5 葛餅を冷水からあげ、黒みつ、きな粉をかけて盛り付ける。

※ 葛餅がくっつかないように、まな板と包丁は濡らしておく。葛餅を切る時は、水で包丁を濡らしながら切る。

[黒みつ]

1 鍋に黒砂糖、水を入れひと煮立ちさせる。

2 みつを冷やす。

[きな粉]

1 きな粉、きび砂糖、塩を器に入れ、よく混ぜ合わせる。

5～6倍

葛饅頭

Kudzumanjyu

INGREDIENTS / 材料　5個分×3種類＝15個

本葛粉	75g
砂糖	120g
水	375cc

[抹茶あん]

抹茶	小さじ1/2
熱湯	小さじ1
白あん	125g

[小豆あん]

小豆あん（市販のもの）	125g

[カボチャあん]

カボチャ	120g（正味80g）
白あん	45g
塩	ひとつまみ

METHOD / 作り方

[抹茶あん]

1 こし器でこした抹茶に分量の熱湯を入れ、ダマがなくなるまで茶筅などで溶く。

2 白あんに(1)を入れ、よく混ぜ合わせる。

3 5等分し、丸める。

[小豆あん]

1 5等分し、丸める。

[カボチャあん]

1 カボチャはワタを取り除き、3cmほどの大きさに切る。

2 蒸し器で10～15分蒸す。熱いうちに皮をとる。

3 カボチャをこし器で裏ごしし、白あん、塩を加え、よく混ぜ合わせる。

4 5等分し、丸める。

[葛饅頭]

1 葛饅頭を包むラップ、輪ゴムを個数分用意しておく。鍋が入る容器に熱湯をはっておく（葛饅頭を丸める作業時に使う）。蒸し器に火をつけておく。

2 鍋に本葛粉、砂糖、水を入れ、よく溶きのばし、強めの中火にかける。

3 木べらで鍋の底からしっかり混ぜ、全体が半透明になり粘り気が出てきたら火から下ろし、鍋ごと湯せんにかける（適度な柔らかさを保つため）。

4 ラップに(3)の生地、あん、少量の生地を順にのせ、あんを包むようにラップを丸め、輪ゴムで止める。

5 蒸気の上がった蒸し器に布を敷き(4)を置き、生地が透明になるまで強火で蒸し上げる。

6 ラップのまま冷水に浸けて冷やす。

7 ラップを外し、器に盛り付ける。

8〜10倍

葛練り

Kudzuneri

INGREDIENTS / 材料　2人分

だし汁(昆布・鰹)	400cc	[飾り用]	
水	400cc	サヤエンドウ	適宜
昆布	4g	銀杏(茹でているもの)	適宜
鰹節	8g	あられ	適宜
本葛粉	40g		
酒	小さじ1		
薄口しょうゆ	小さじ1		
塩	ひとつまみ		

METHOD / 作り方

1 だしを作る。鍋に水と昆布を入れ、30分〜1時間浸けておく。

2 (1)を中火にかけ、沸騰する直前に昆布を取り出し、鰹節を一度に加え、10秒ほど煮て火から下ろす。

3 鰹節が沈んだら、布などでこし、冷ましておく。

4 サヤエンドウをさっと茹で、斜めに切っておく。

5 (3)が十分に冷めたら、本葛粉、酒、塩、薄口しょうゆを入れ、よく溶きのばす。

6 (5)を中火にかけ、全体的に粘り気が出て透明になるまで木べらでよく練り上げ、火から下ろす。

7 器に盛り、サヤエンドウ、銀杏、あられなどを盛り付ける。

15〜25倍

葛湯

Kudzuyu

INGREDIENTS / 材料　各2人分

[桜]春	
水	360cc
本葛粉	大さじ2
はちみつ	小さじ2
[飾り用]	
桜の塩漬け	適量
[甘酒]夏/冬	
甘酒(薄めるタイプ)	140cc
水	220cc
本葛粉	大さじ2

[はちみつリンゴ]秋	
生姜の絞り汁	小さじ2
はちみつ	大さじ2
リンゴ	1個
本葛粉	大さじ2
水	300cc
[飾り用]	
ミント	適量

METHOD / 作り方

[桜]

1 桜の塩漬けを10分ほど水に浸け、塩抜きをする。

2 鍋に水、本葛粉を入れよく溶かしてから中火にかけ、全体的に粘り気が出て透明になるまで木べらでよく練り上げて火から下ろす。

3 はちみつを入れてよく混ぜてから器に入れ、桜の塩漬けを盛りつける。

[甘酒]

1 鍋に甘酒、水、本葛粉を入れよく溶かしてから中火にかけ、全体的に粘りが出るまで木べらでよく練り上げ、火から下ろす。

[はちみつリンゴ]

1 生姜をすりおろし、絞っておく。

2 鍋にはちみつを入れ、そこにリンゴをすりおろす。(はちみつはリンゴの変色を防ぐ)

3 材料を全て鍋に入れよく溶かして中火にかける。全体的に粘り気が出て透明感が出るまで木べらでよく練り上げ、火から下ろす。

4 ミントを盛り付ける。

26～35倍

あんかけにゅうめん

Ankake Nyumen

INGREDIENTS / 材料　4人分

[あんかけ汁]

だし汁	800cc
(昆布8g·鰹節16g·水800cc)	
A みりん	大さじ2
A 酒	大さじ2
A 薄口しょうゆ	大さじ3
A 塩	小さじ1/2
本葛粉	30g
(同量の水で溶く)	
素麺	4束(200g)

[味付け椎茸]

干し椎茸	4枚
水	200cc
B 薄口しょうゆ	小さじ2
B みりん	小さじ2
B 酒	小さじ2

[飾り用]

かまぼこ	適宜
三つ葉	8本

METHOD / 作り方

[あんかけ汁を作る]

1 だしを作る。鍋に水と昆布を入れ、30分～1時間浸けておく。

2 (1)を中火にかけ、沸騰する直前に昆布を取り出し、鰹節を一度に加え、10秒ほど煮て火から下ろす。

3 鰹節が沈んだら、布などでこす。

4 [A]を加えて中火で煮立てる。

5 本葛粉を同量の水で溶き、(4)に少しずつ加えて混ぜ、とろみがつくまで火にかける。

[飾りの具を作る]

1 かまぼこは型抜きをしておく。

2 三つ葉はさっと茹で、結び三つ葉にする。

3 干し椎茸を分量の水で戻しておく。(4～6時間)

4 干し椎茸が戻ったら軸を切り、[B]を加えて煮る。

[素麺を茹でる]

1 沸騰させた湯で素麺を茹でる。

2 冷水にとりザルにあけ、水気を切る。

器に素麺、あんかけ汁、具を盛り付けて完成。

65倍～

きな粉雑煮

Kinako Zouni

INGREDIENTS / 材料　4人分

昆布だし	800cc
(昆布8g·水800cc)	
こんにゃく	100g
木綿豆腐	100g
大根	100g
金時人参	60g
里芋	2個
白味噌	120g
本葛粉	大さじ1
(同量の水で溶く)	
丸餅	4個
きな粉	大さじ6
砂糖	大さじ6
塩	少々

METHOD / 作り方

1 昆布だしを作る。鍋に水と昆布を入れ、30分～1時間浸けておく。

2 (1)を中火にかけ、沸騰する直前に昆布を取り出す。

3 こんにゃく、木綿豆腐は3cm角、5mm厚さに切り、こんにゃくは小鍋でさっと茹でて水気を切っておく。

4 大根、金時人参、里芋は皮をむき、5mm厚さの輪切りにする。

5 鍋に昆布だし600cc、(4)を入れて、中火で15分ほど茹でる。

6 別の鍋に昆布だし200cc、木綿豆腐を入れ、中火で10分ほど火を通す(豆腐は崩れやすいため別で調理し、最後に盛り付ける)。

7 野菜に火が通ったら、こんにゃくを加え一煮立ちさせる。

8 (7)に白味噌を溶き入れ、同量の水で溶いた本葛粉を少しずつ入れ、とろみがつくまで火にかける。

9 丸餅をオーブントースターで焼く。その間にきな粉、砂糖、塩を混ぜ合わせておく。

10 (8)に焼いた丸餅と(6)の豆腐を入れて椀に盛り付ける。

11 雑煮を食べ進め、最後に味噌だしのついたお餅を別皿に盛ったきな粉に付け、「きな粉餅」にして食べるのが奈良流。

10 Enjoy Kudzu at Home

葛を楽しむ容器特集

キッチンにおしゃれな雑貨があるだけで、お料理が楽しくなりそう。「白いダイヤモンド」とも呼ばれる吉野本葛をキッチンのインテリアに仲間入りさせよう。このページでは、缶・ボトル・ジャー・ジッパーバッグを利用した葛のさまざまな保存法をご紹介。自宅のキッチンにストックしておくと、ちょこっと使いたい時にすぐに使える。葛の活用法がどんどん広がるKudzu life。あなたのオリジナルを楽しんでみて。

Can　缶

吉野本葛をあなたのお気に入りの缶にストック。オリジナル葛湯をストックしておくと、ほっとしたい時にいつでも手軽に葛湯を飲める。お友達におすそわけ、なんて時にも大活躍のKudzu Can。

Jar　ジャー

キッチンを華やかにするジャーを葛で活用。葛きりや葛うどんを入れておくと取り出しやすく、サラダ用に少し茹でたい時にもお役立ちのKudzu Jar。

Zipper bag　ジッパーバッグ

Zipper bagはスペースを取らないので、スマートにストックができる優れもの。出先で葛湯を飲みたい時や、アウトドアで葛料理を楽しみたい時にも大活躍。軽いので持ち運びに便利。他にはジュースと合わせて凍らせた葛シャーベットを楽しむなど、カラフルなKudzu Zipper Bagを楽しんでみて。

Bottle　ボトル

可愛いデザインのボトルに本葛粉を入れて、キッチンをスタイリッシュに飾ろう。固形の本葛粉を入れてみると、なんだかストーンのインテリアのよう。あなたのキッチンに合わせたKudzu Bottleで毎日のお料理に一工夫を。

豆知識　乾物としての葛

四季があり、四方を海に囲まれた日本では乾物が発達した。本葛粉の水分は16%程度で微生物が繁殖しにくく、常温で長時間保存することができる。製造してすぐに使用するよりも、しばらく寝かせた方が安定するといわれている。昭和30年頃には「南極観測隊御用達乾物」として南極大陸へ渡ったこともある。

＊乾物…陸産・水産の植物性食品の乾燥品・加工品
＊干物…魚類や動物の乾燥品・加工品（中央卸売市場法）

葛生活を充実させるためのQ&A

Question 毎日摂取しても大丈夫？

Answer 「毎日、毎食食べても問題ありません。サプリメントや薬と違い、本葛粉は食品ですので、摂取量や服用方法が決められていないのが良い所です。毎日美味しい葛料理を楽しんでください」

Question 長期保存は可能？

Answer 「井上天極堂の本葛粉は賞味期限が2年となっています。瓶や缶を活用し、使いやすいように小分けして保存しても安心して長期的にお使いいただけます。お気に入りの容器に入れて葛生活を楽しんでみてください。高温多湿や、におい移りに注意してください」

Question 調理のコツは？

Answer 「液体で本葛粉をよく溶かしてから火にかけることです。温めた液体に本葛粉を直接入れてしまうとダマになってしまうので注意してください」

Question 洋食にも使えるの？

Answer 「もちろんお使いいただけます。パスタのソース、グラタンのソース、またカスタードクリームやブランマンジェなどの洋菓子にも使えます。小麦粉の代用として使えるレシピもたくさんあるので、アレルギーやグルテンフリーを気にされる方にもおすすめです」

Question 葛を美味しく食べるには？

Answer 「葛は出来立てが命です。それだけ繊細な食材なので、是非出来立てのつるんとした食感、とろんとしたなめらかな舌触りを味わってください」

Question 葛を取り入れるいいところは？

Answer 「健康･美容に最適な食材であり、また自宅で簡単に和菓子も作れるので、おもてなし料理を作るときにも最適です」

日本の和食を支えてきた葛は、昔から高級料亭だけでなく家庭の中でも馴染んできた。葛料理や葛菓子を作るのは難しいと思われがちだが、実は簡単に使える葛。体調の悪い時に飲む葛湯はもちろん、ティータイムや普段のお料理として生活に取り込める。食感や味覚を引き立てる葛は、多様なライフスタイルにも万能な食材。ぜひあなたのキッチンにも葛を。

1

本葛粉

スマートなジャーに本葛粉を入れた「魅せる葛」でキッチンをスタイリッシュに。取っ手が付いているタイプは取りやすく忙しい毎日におすすめ。

和風だし

あらかじめ本葛粉と粉末だしのミックスを作っておけば、お料理の味付けととろみづけが一気にできちゃう。

EASY

TO USE

葛きり

お鍋やおかずの一品に入れたい時や黒蜜、三杯酢で食べたい時の葛きりに最適なのは大きめのジャー。パスタを容器に入れる感覚でキッチンのラインナップに仲間入りさせよう。

4

サラダ・スープ用葛きり

サラダやスープ、和え物に葛きりを加えたい時は、小さめのジャーにあらかじめカットして置いておけば即座に使える。

ENJOY

KUDZU

AT HOME

5

本葛粉

お気に入りカラーの缶に葛を入れてキッチンを彩ろう。

ORIGINAL

6

オリジナル葛湯

本葛粉＋抹茶＋砂糖や、本葛粉＋カカオ＋シナモン＋生姜パウダーなど、あなたのお好きな材料でオリジナル葛湯ミックスを作ろう。砂糖控えめが好きな方は蜂蜜やメープルシロップを食べる直前に入れるのもおすすめ。贈り物にも最適。

7

本葛粉（使いやすい分量で小分け）

ジッパーバッグを活用してキッチンの収納をコンパクトに。軽くてスマートなジッパーバッグは携帯用にも最適。お料理会やアウトドアクッキングに持っていくだけで、料理のお助けアイテムに。お気に入りのデザインを見つけてLet's enjoy カジュアル葛ライフ。

8

葛シャーベット

フルーツと葛を合わせて簡単シャーベットを作ろう。フルーツ缶のシロップと本葛粉を鍋に入れ、よくかき混ぜて火にかけ、とろみがつけば冷ましておく。あとはジッパーバッグにフルーツと葛シロップを入れて凍らせるだけ。麺棒で砕いて器に盛りつければシャーベットの出来上がり。少し溶かしてから食べるとぷるんとした食感に。

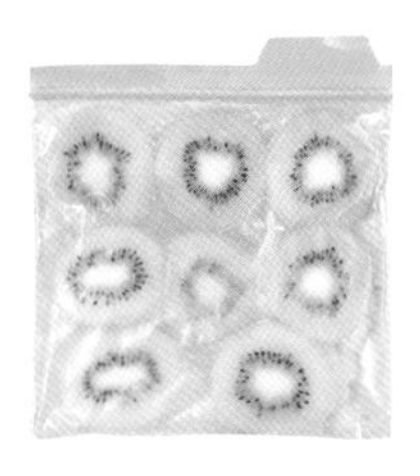

11 健やかで美しい葛生活

あなたの食べるものは、あなたの明日をつくるもの。葛習慣でフレッシュな毎日を。

美容に効くちから

葛の根から抽出される

カッコンエキス

- メラニン過剰生産の抑制
- 保湿効果
- 血行促進作用
- 抗炎症作用
- 皮脂の過剰分泌の抑制作用
- 収斂(れん)作用
- 紫外線の吸収作用
- コラーゲンの合成促進作用

「おしろいは吉野の葛に限れり」。大蔵永常が著した「製葛録」には、古くから日本の女性に葛が愛されていたことが書かれている。この頃から葛は美容への役目も果たし、葛の乾燥した根の部分から抽出されるカッコンエキスは美白化粧品に配合されることが多く、紫外線によるシミや肌のくすみなどのトラブルを防ぐ効果があるといわれている。

健康に効くちから

イソフラボン

- 更年期障害の緩和
- 骨粗鬆症の予防
- 循環器系疾患の予防（心筋梗塞など）
- 美肌効果

サポニン

- 血管についた脂質を除去
- 動脈硬化を進める過酸化脂質の生成を抑制

イソフラボン+サポニン

▼

身体の中の脂質代謝が活発になり、
脂肪が溜まりにくい身体をつくることができる

イソフラボン

プエラリン
- 抗骨粗鬆症作用
- 血糖下降作用
- 脳血管、冠状動脈の血流量増加作用
- 動脈瘤（りゅう）の抑制

ゲニスチン
- 骨量低下抑制作用
- 骨密度低下抑制作用
- エストロゲン様作用

ダイジン
- 骨量低下抑制作用
- 骨密度低下抑制作用

ダイゼイン
- 大腿骨の骨量減少抑制作用
- 抗血栓･抗アレルギー作用
- 卵胞ホルモン作用（幼若ラット投与により子宮重量増加）
- エストロゲン様活性
- 乳がん、白血病抑制効果
- 前立腺がんのリスク低下作用

ゲニステイン
- 子宮肥大化作用
- 卵胞ホルモン作用（幼若ラット投与により子宮重量増加）
- 女性ホルモン様作用
- エストロゲン様作用
- 肝臓がん、胃がん抑制効果
- 乳がん細胞増殖抑制作用
- 前立腺がんのリスク低下
- 骨密度減少抑制作用

骨粗鬆症予防

「丈夫な骨でいたい」という思いに、今すぐ始められる葛生活。骨量のピークは20歳頃といわれており、それにどう対処するかが20歳からの生き方を左右する。骨基質蛋白質とミネラルによって構成される骨は、加齢による、運動量･ミネラルの吸収力低下やホルモンバランスの崩れによって弱ってしまう。女性が閉経を迎えた後約10年間は、エストロゲンの分泌が低下することによって急激に骨量は低下するといわれている。この骨質の低下･骨量の減少がもたらす骨折しやすい状態を「骨粗鬆症」という。これを予防するカギは、若年期に骨量を高めておくこと、女性は閉経後も骨量が減少しない生活を心がけることである。欧米の女性に比べ、アジアの女性は大腿骨頸部骨折の発症率が低いといわれている。その理由の一つとして、骨の健康維持に効果的といわれているイソフラボンを含む大豆製品の摂取量に違いがあるとされている。

葛は、大豆と同じマメ科の植物で、骨の健康について期待されている。葛に含まれるイソフラボンは、エストロゲンに似た構造で女性ホルモン様作用があり、植物性エストロゲンと呼ばれている。イソフラボンには、骨形成促進作用と、強い骨量減少抑制作用が発見されており、イソフラボンは、大豆（黒豆を含む）や葛、アルファルファ等マメ科の植物に多く含まれている。また近年の研究から、雄性骨粗鬆症にもイソフラボンの有効性が着目されている。

栄養バランスのとれた食生活･規則正しい生活習慣･適度な運動を取り入れながら、丈夫な骨でいきいきとした毎日を送ろう。

漢方薬「葛根湯」

葛根を用いた漢方薬の代表的なものとして葛根湯がよく知られており、風邪のひきはじめの段階で用いるのが特徴である。葛根の薬理作用としては解熱、冠状動脈の拡張、脳血流量の増加などが知られており、またその服用に当たってはフラボン類を基準とし、一日に葛根に含まれるフラボン類100〜300mgを2〜3回に分けて服用するとなっている。

身体の内面から美しさを目指す方に。

葛からとれた乳酸菌のちから

葛はマメ科で、山野どこにでも生えるつる性の植物で、1300年以上前から日本人に愛用されてきた天然のハーブだ。そんな葛のパワーの一つに葛由来の乳酸菌がある。井上天極堂では「葛のつる」と「葛の根」からそれぞれ乳酸菌を厳選し、内面から健康をサポートできることを検証し、商品化した。どちらも葛由来の植物性乳酸菌だが、それぞれ別の特性を備えている。この２つの葛乳酸菌のちからを見てみよう。

「葛のつる」からとれた『天極吉野葛乳酸菌』

井上天極堂独自の製法で加工した葛デキストリンで培養されている。サイトカインが多く生産されていることが確認されており、高い免疫賦活作用、抗腫瘍作用、抗ウイルス作用などが期待できるそう。

未就学児を対象にしたモニター試験では乳酸菌入りのゼリーを食べた園児のインフルエンザ罹患率が優位に下がった結果も出ている。

＊サイトカイン…リンパ球が生産する免疫系細胞の増殖、運動などを調節するタンパク質の総称。

「葛の根」からとれた『葛乳酸菌®』

食中毒やニキビの原因菌の繁殖を防ぐ効果があること、シミ・そばかすを予防するといわれるアルブチンをさらに効果の高いハイドロキノンに変換することも確認された。また、これは生菌で商品化しているので、豆乳ヨーグルトを作る種菌として手軽に楽しめる。

葛乳酸菌豆乳ヨーグルトの特徴

- 乳製品不使用
- 常温で自然発酵
- コレステロール0
- 便通・便臭・肌荒れの改善

※ 社員モニター調査による結果

葛乳酸菌ヨーグルトはこんな人におすすめ!

乳アレルギー

お腹の調子を整えたい

カロリーが気になる

肌荒れが気になる

乳糖不耐症
でも食べられる

牛乳より酸っぱく
なくて食べやすい

いろんな豆乳で
試して好みの味を
探すのが楽しみ

1　乳成分不使用だから乳アレルギーでも食べられる

「豆乳で作る葛乳酸菌ヨーグルト種菌セット」は種菌の原料にも乳成分は不使用で、植物性原料のみを使用。ベジタリアンの方や牛乳·乳製品アレルギーの方も安心。

2　コレステロールゼロ＆低カロリー

豆乳で作っているのでコレステロールゼロ！また牛乳などの乳製品で作ったものに比べて低カロリーなので健康を気にされている方も継続しやすい。

3　便通などの改善効果

井上天極堂社員の葛乳酸菌ヨーグルトモニター調査では、便臭·便通·肌荒れなどが改善したとの結果が出ている。葛乳酸菌ヨーグルトでスッキリ心地良い生活を送ろう。

4　自宅で簡単に作れる葛乳酸菌の豆乳ヨーグルト

容器に豆乳(調製豆乳または無調整豆乳)と葛乳酸菌の種菌を入れて室内(適温25~35℃)で常温発酵させるだけ！ご家庭でも簡単に豆乳ヨーグルト作りが可能に。

豆乳でつくる
葛乳酸菌ヨーグルト
種菌セット
¥900(税別)

12 葛タイムテーブル

毎日食べることで、健康的な生き生きとした暮らしの助けになる葛。あなたのお好みの一杯に葛をプラスして、オリジナルの葛タイムテーブルを作ってみよう。

KUDZU IN EVERYDAY LIFE

外出時は魔法瓶やドリンクボトルに入れて楽しもう

お出かけ先や職場にも持ち運びができる葛ドリンク。気分を変えて色々な飲み物と掛け合わせてみよう。

※ 酸性のものはプラスチック製の容器に入れることをおすすめします。酸性の食品が金属製の食品に触れると、金属が溶けるおそれがあります。

作り方 1 水で溶いた本葛粉にあたたかい飲み物を注ぐ

1 容器に本葛粉・同量の水を入れ、よく溶かす。

2 (1)に温かい飲み物を注いでよく混ぜる。

3 電子レンジで30秒ほど温めてよく混ぜ、とろみがついたら完成。

コーンポタージュ

カフェオレ

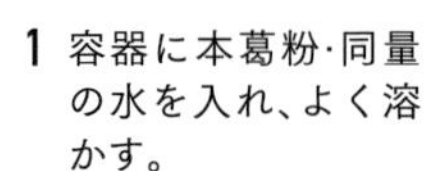

作り方 2 飲み物に本葛粉を入れて火にかける

1 鍋に飲み物、本葛粉を入れてよく溶かす。冷たい飲み物から作ろう。

2 鍋を火にかけてとろみがついたら完成。

ホットワイン

リンゴ×はちみつ葛湯

作り方 3 「葛とろりあん」を飲み物に入れる

1 鍋に本葛粉・分量の水を入れ、本葛粉をよく溶かす。

2 中火で炊き、とろみがついてきたら弱火にし、透明感・艶が出てきたら「葛とろりあん」の出来上がり。

3 熱いうちにお好みのドリンクに葛とろりあんを入れてよく混ぜる。

フルーツドリンク

Good Morning

AM 6:00

お白湯
本葛粉、水、熱湯

ヨーグルト
本葛粉、水、ヨーグルト

コーンポタージュ
インスタントパウダー、本葛粉、水、熱湯

コーヒー
本葛粉、水、コーヒー粉末、熱湯

コーンポタージュの作り方

[材料(1人分)]
本葛粉 粉末タイプ 小さじ2
(同量の水で溶く)
インスタントパウダー 1袋
熱湯

[作り方] P60の作り方1を参考
① カップに本葛粉、同量の水を入れ、よく溶かす。
② ①のカップにインスタントパウダーを入れ、熱湯を注いで混ぜる。
③ 電子レンジで30秒ほど温めてよく混ぜて完成。

Workout

AM 7:00

水
本葛粉、水

フルーツドリンク
本葛粉、水、スポーツドリンク、お好みのフルーツ(オレンジ、キウイ、レモンなど)

スポーツドリンク
本葛粉、水、スポーツドリンク

フルーツドリンクの作り方

[材料(1人分)]

本葛粉	小さじ2
水	100cc
スポーツドリンク	200cc
お好みのフルーツ(オレンジ、キウイ、レモンなど)	

[作り方] P60の作り方3を参考
① 葛とろりあんを作る。
② 作った葛とろりあんにスポーツドリンクとフルーツを入れ、よく混ぜる。

身体を中から温めることで美容と健康の悩みを解決できる

女性に多くみられる冷え性。内臓の循環が悪いと免疫力が低下し、むくみやすくなる。老化の原因にもなる冷えは身体の大敵。しっかり体をケアしてハリのある毎日を送ろう。

Work

AM 10:00

コーヒー
本葛粉、水、コーヒー

抹茶
本葛粉、水、抹茶

カフェオレ
本葛粉、水、カフェオレ

ココア
本葛粉、水、ココア

紅茶
本葛粉、水、紅茶

カフェオレの作り方

[材料(1人分)]

本葛粉(同量の水で溶く)	小さじ2
カフェオレ	150cc

[作り方] P60の作り方1を参考
① カップに本葛粉、同量の水を入れ、よく溶かす。
② ①に温かいカフェオレを注いで混ぜる。
③ 電子レンジで30秒ほど温めてよく混ぜ、とろみがついたら完成。

ホットワインの作り方

[材料(1人分)]

ワイン	200cc
オレンジ	1/2個
きび砂糖	小さじ1
生姜	1スライス
シナモン	少々
クローブ	少々
(お好みのスパイス加減で)	
アールグレイ(ティーバッグ)	1個
本葛粉(同量の水で溶く)	小さじ2
はちみつ	小さじ2

[作り方] P60の作り方2を参考
① 鍋にワイン、オレンジの絞り汁、きび砂糖、生姜、シナモン、クローブを入れ火にかける。※沸騰しないように
② ティーバッグを入れ、3分程煮出したら取り出す。
③ 同量の水で溶いた本葛粉を入れてとろみをつけ、はちみつで甘さを調整する。

Drinks

PM 8:00

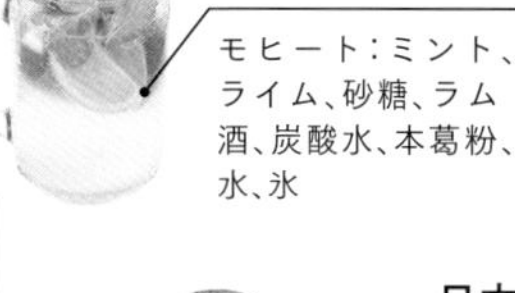

ホットワイン
ワイン、オレンジ、きび砂糖、生姜、シナモン、クローブ、アールグレイ、本葛粉、水、はちみつ

カクテル
モヒート:ミント、ライム、砂糖、ラム酒、炭酸水、本葛粉、水、氷

日本酒
日本酒、本葛粉、水

油脂、糖類の摂取量を控えることができる

間食を葛ドリンクで代用することで、ケーキやクッキーに含まれるバターや砂糖をカットすることができる。

KUDZU

Hangover

AM 8:00

金柑葛湯
金柑、水、本葛粉

リンゴ×はちみつ葛湯
リンゴ、水、本葛粉、はちみつ、シナモンパウダー

梅干し葛湯
梅干し、水、本葛粉

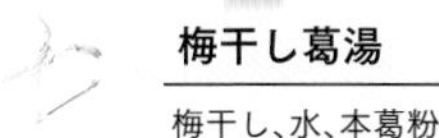

スポーツドリンク
スポーツドリンク、本葛粉、水

塩レモンはちみつ
レモン、はちみつ、水、本葛粉、塩

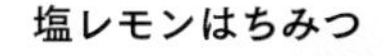

リンゴ×はちみつ葛湯の作り方

[材料(1人分)]

リンゴ	1/4個
水	150cc
本葛粉(同量の水で溶く)	小さじ2
はちみつ	小さじ1
シナモンパウダー	少々

[作り方] P60の作り方2を参考
① リンゴを角切りにする。
② 鍋にリンゴ、水を入れ火にかける。
③ リンゴに火が通ったら、同量の水で溶いた本葛粉を入れとろみをつけ、最後にはちみつをかける。
④ お好みでシナモンパウダーをかける。

塩レモンはちみつの作り方

[材料(1人分)]

レモン汁	小さじ2
はちみつ	小さじ1
水	150cc
本葛粉	小さじ2
塩	少々

[作り方] P60の作り方2を参考
① 鍋に全ての材料を入れてよく溶かす。
② 鍋を火にかけて一煮立ちしたら完成。
* はちみつの種類によってはとろみがつかない場合がある。

Good Night

PM 11:00

身体をリセットしてくれる

身体を温める飲み物が気分を落ち着かせてくれることで、心身の疲労の回復につながる。また就寝前に飲むと睡眠を誘い、安眠しやすい状態を作る。

13 葛の神話と歴史

私たちに受け継がれている葛の知恵は先人からの賜物。
昔の人はどんな発見をしていたのだろうか。

病気に効いた葛の根

津川兵衛 著　ポラリス　＊井上天極堂通信販売誌
葛の根に含まれる成分が病気に効いたという逸話
（葛の話シリーズ第十話　葛と健康（十）褐色の汁液　より）

中国の話である。臨海の章安鎮という村に蔡という大工がいた。ある宵の口のこと、仕事からの帰り道に東山という墓場のあるところを通りかかった。祝い酒を飲んで、彼は泥酔していた。そこに放置されていた棺桶を自分の家の寝床と勘違いし、その上で寝込んでしまった。夜中に目を覚ましたが、真暗闇で進むことができないので、やむなく棺の上に座って夜明けを待つことにした。すると棺の中から、「私は某家の娘です。病気になって死にそうです。私の家の裏庭の葛兄ちゃんが私に崇っています。法師に頼んで葛の霊を取り除いてください」と言う声がした。

翌日、蔡はその家を訪れ、主人に「私が娘さんの病気を治してあげましょう。ところで、家の裏に葛を植えたことはなかったでしょうか」と尋ねると、主人が案内した裏庭は、すっかり葛に占領されてしまっていた。蔡は這いつくばって葛の蔓を刈り払い、大きな根を掘り当てた。根に傷を入れると血が出てきたので、それを煮て娘に飲ませると病気はすぐに治った。

この話は、元の末～明時代初期の浙江省出身の学者、陶宗儀の撰による『輟耕（耕をやめてしばし憩う）録』（全三十巻、1366年刊）に載っている。本書は選者の耳目に触れたものの記録である。この選者は、葛にまつわる逸話を渉猟（しょうりょう）していた時に、たまたま見つけた一つを紹介したものである。

葛が樹木に巻き上がり、樹冠を閉塞させるさまは大変な勢いがあり、葛の霊は人に取り付くと信じられていたのであろう。葛は蔓だけを取り除いても茎葉は再生して葛は死なない。だから、蔡は葛を根絶するために根を掘り起こして、それに鎌を突き立てた。すると、血潮が傷口からほとばしった。血と見えたのは根に含まれる褐色の汁液で、それが娘の病気に効いたのである。

宝達の鉱夫と葛

津川兵衛 著　ポラリス
宝達の鉱夫が葛を利用していた歴史についての記載
（葛の話シリーズ第十四話　宝達の葛づくり　より）

加賀（石川県）と越中（富山県）の国境には、海抜639メートルばかりの宝達山がひかえている。ここはちょうど、口能登と呼ばれる能登半島の首根っこに相当する位置である。ここは近世初期に栄えた金山で、天正（1573〜1592）の半ばに開発されたのだが、この地のゴールド·ラッシュも数十年の寿命だった。寛文（1661〜1673）の頃にはほとんど産金はなく、かつての鉱山町の面影は失われてしまっていたようである。金山の廃絶後、失業した鉱夫たちは、葛粉製造を始めたといわれている。

製葛業が現存する石川県羽咋郡押水町宝達は、かつて金山鉱夫たちの飯場として発展した集落で、葛粉は、ここでほぼ独占的に生産されてきたそうだ。『羽咋(はくい)郡誌』は「宝達金鉱の廃絶して、鉱夫等其の業を失ひし際、葛根を掘りて其の製造を創始したるものの如し、…」と述べているが、当地の言い伝えでは、天正年間に鉱夫が下痢止めの薬として使ったのが葛粉づくりの始まりとなっている。

昔は全国いたるところで葛粉をつくっていたことから、金の採掘が始まる前からこの辺りでも葛粉づくりが行われていたものと推測できる。金が採れる間は、おそらく鉱夫らは、金鉱を掘りながら暇を見つけては葛根掘りをしていたのだろう。

蒸し暑くて、狭苦しい洞窟で金を掘ることで鍛えた腕だ。掘り道具も揃っている。葛根掘りなど朝飯前である。冬の間は葛粉づくりに精を出し、夏バテ時にそれを食していたものと思われる。

葛根には鎮痙(ちんけい)作用をもつ大量のイソフラボン誘導体や、腸管収縮等のアセチルコリン作用をもつコリン誘導体も含まれる。主薬に葛根の乾燥粉を処方する風邪薬として有名な「葛根湯」ではあるが、この和漢薬の効能として下痢止め効用も記述されている。当時、葛根湯は極めて守備範囲の広い常備薬だったのである。

昔の精製技術では、夾雑(きょうざつ)物の除去が難しかったようだ。しかし、自家用に供するなら本葛粉の着色程度などはまったく問題にならない。そんなわけで鉱夫たちの食べる葛湯は少し褐色がかっていたかも知れないが、下痢止め、その他の夏バテに有効な成分がたっぷり入っていたと考えられる。

金山としての宝達は衰退するのが早かったようだが、宝達の本葛粉は、近くに加賀百万石の城下町金沢がある関係で、料理·菓子に使われて生き残った。幕末の頃には、宝達の葛は商品として名を成したと言われている。大正7年（1918）の文献資料によると、宝達葛の生産は21石（3.8キロリットル）となっている。平成13年（2001）には、400年の伝統を守るために、5名ほどの組合員で構成されている宝達葛生産組合が、年間90キログラムの本葛粉を生産している。ちなみに、ここの本葛粉の商標は「ヤマホ能州宝達葛」である。「ヤマホ」とは「山の宝」「山の誉れ」という意味らしい。

葛旅に出かけよう

KUDZU DISCOVERY

昔から人々の生活を支え、現代でも私たちの生活を豊かにしている葛。葛という一つの植物がつないできた人々とのつながりを辿り、新たな発見の旅に出た。

港区新橋

うお倉(くら)

東京都

Tokyo

鮨処 うお倉

東京都港区新橋2-15-10
営業時間 17:00~22:30
TEL 03-3597-3288

江戸前寿司の鮨処「うお倉」では、甘味に葛きりを提供している。吉野本葛を使った「おいしい葛きりの店」でもある。

「知らないうちに年取っちゃったよ」と笑うのは代表の菅田伸明さん。「葛きりを提供し始めてから16年目になるが、十分に納得のいく葛きりを出すまでにはかなりの時間がかかった。そもそも東京では本葛粉を使った葛餅も珍しく、葛きりとなるとマロニーやところてんだと認識されているので、本物の味をわかってもらい難い。初めは作り方も分からず、何年もかかってやっとできた。タイ風あんみつも提供したが、結局は葛本来の素朴さが味わえる葛きりが人気」と小駒昌一さんはいう。

「黒蜜も、うお倉の味にするために自分で作ることにした。混ぜ方、作り方、厚み、切り方、幅、器、出し方…黒蜜の研究にも時間がかかったが、これでいいやと思ったら、それまでだよね」と熱く語った。どこまでも追求する姿に職人魂を感じた。

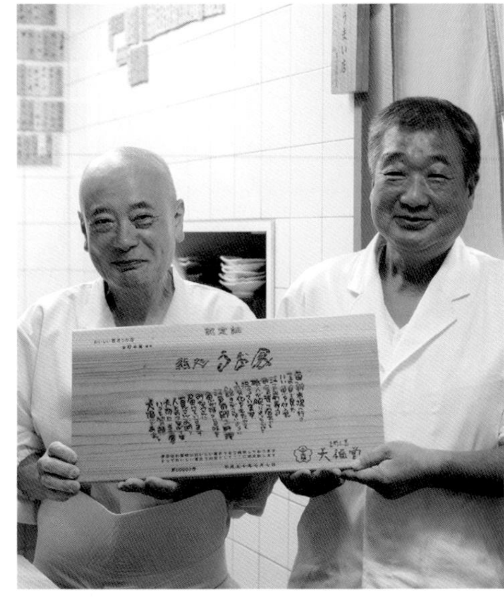

(左)菅田伸明さん　(右)小駒昌一さん

東京都

Tokyo

榮太樓總本鋪

東京都中央区日本橋1-2-5
定休日 日・祝
営業時間 9:30~18:00
TEL 03-3271-7785

中央区日本橋

榮太樓總本鋪（えいたろうそうほんぽ）

文政元年創業。東京日本橋に本社を置く和菓子の製造販売会社「榮太樓」。全国飴菓子工業協同組合に加盟している飴屋としては日本最古の歴史を持つ。取扱う菓子は、飴のほかに生菓子や半生、焼菓子、みつ豆、米菓などがある。また、その取引先としても百貨店、量販店、交通市場から神社仏閣と幅広いものとなっている。「温故知新」を尊ぶ社風を持ち、製造現場には最新機械だけでなく昔ながらの技術、設備も今なお現役として稼働している。

武家文化の実質的なおいしさを追求した江戸菓子である榮太樓の菓子作りは、京都や金沢のようにお茶の文化が和菓子の文化を作ってきたところとは違う成り立ちといえる。

代表　細田眞さん

本葛粉は生菓子に使っている。その中に「みぞれ牡丹」という和菓子がある。葛に道明寺粉を加えることで「みぞれ」の粒が表現されている。皮は薄く、葛独特のつるんとした食感が味わえる。こしあんはさらりとしていてくちどけが良く、甘さは控えめで、思わずもう一つ手を伸ばしたくなる和菓子だった。

榮太樓では原材料にこだわり、「創業当時になかったものは使わない」という考えを貫いている。添加物も出来るだけ使用せず、自然の恵みをおいしくいただくといった原点に立ち返った菓子作りを大切にしている。代表の細田眞さんは、「日本人の和菓子を食べる機会が減ってきているため、町の菓子屋がどんどん減っている。菓子は養生菓子ともいわれ、菓子を食べて怒る人はいない。食べることは人にとって大切なこと。菓子作りを楽しんで、心が豊かになるおいしいものを作っていきたい。新しいライフスタイルに合わせ、低糖質・ローカロリーの商品販売も始めた。日本の菓子の多様性、食の多様性を追求し、これらが世界に通ずるものになってほしい」と語った。

心の底から「おいしい」と笑顔になれる菓子を日本に残すためには、変化に適応しつつも、こだわりを貫くことが大切なのだと改めて感じさせてくれた。

東京都
Tokyo

台東区西浅草

萬藤（まんとう）

代表の蔀浩之さんは、「戦後の焼け跡から商売が立ち直るきっかけになったのが「柏の葉」だった。当時から、浅草の萬藤は『乾物の王様』と呼ばれていた。仕入れた柏葉を売り、売ったお金を持って北海道で小豆を買い、伊勢参りを兼ねて吉野葛を買いに行った。現在、本来の問屋業だけでなく本社のある西浅草で商品の小売りやカフェも行なっている」と話す。

代表　蔀（しとみ）浩之さん

初代　蔀 浩さん

蔀さんの「和食や和菓子をもっと知ってもらいたい」という思いから、平成30年（2018）に乾物カフェをオープンした。ここでは、白玉など乾物を使ったスイーツを食べることができる。蔀さんは、「今も現場主義は変わらず、産地を見て、会って、話して、買う。すると、取引先と長い付き合いができ、信頼関係を築くことで天候不順でもいいものを、悪い時でもその中でいいものを寄せて売ってくれる。これは私たちにとって、とても大切なことだと思っている」と教えてくれた。

「現代は、コンビニや中食が発達し、調理器具がいらない世の中になったといわれている。農家の生産者も高齢化し、担い手がいないため農業が廃れてきていることや、手間のかかる作物を作らなくなってきた問題がある。一方、日本料理を海外で展開されている方は、葛粉を買いに来られる。また来店されるお客様の多くは海外からで、その人たちは、葛をはじめとする日本の乾物に関するある程度の知識を持って来られる。今では日本人より海外の人の方が日本文化をよく知っており、真剣に向き合っているようにも思う。だから、今後は海外に向けて日本食を発信していきたい。そのためには、既存の取引だけでなく、新しい取引先と新しい商品の開発が必要だと考えている」と蔀さんは語った。

日本と海外、そして過去と未来の架け橋になっているこの空間は、これからも多くの人に愛され続ける場所であってほしい。

萬藤

東京都台東区西浅草1-4-2
定休日 水・日・祝
営業時間 10:00〜18:00
（カフェは11:00〜営業）
TEL 03-3842-2316
FAX 03-3844-6686

葛旅に出かけよう

KUDZU DISCOVERY

神奈川県

Kanagawa

代表　箕輪信和さんご夫妻

鎌倉市佐助
みのわ

神奈川県鎌倉市佐助2-6-1
定休日 月・火・木・金曜日(祝日は営業)
夏季営業時間 10:15~17:00(LO/16:30)
冬季営業時間 10:15~16:30(LO/16:00)
TEL 0467-22-0341

代表の箕輪信和さんは昭和46年(1971)にコーヒー店「みのわ」を開店したが、お客様の甘味の要望が多く、その頃ちょうど旅先で出会った葛きりに感激して、「どうしても我店でもメニューに加えたい」と思い、「くずきり」作りを始めた。研究に研究を重ねて、ある日突然、「この味だ！」というものを見つけることができた。料理研究家の先生からも合格点をいただき、「頑固な店になりなさい」といわれ、今もその製法と味を守り続けている。

始めた当時は東京に葛きりを出している店はなかったため、「蜜」も「二杯酢」が良い、「白蜜」が良いといろいろな注文が入ったが、現在は「黒蜜」に落ち着いている。「古い歴史と自然を残した鎌倉の谷戸を散策した際に当店に立ち寄り、健康にいい本物の葛で、疲れた身体を休めて元気になって帰ってもらいたい」という箕輪さんの思いが通じて、現在では、わざわざみのわを目指して訪ねるお客様も多いという。

箕輪さんは「葛は『出来立てが命』。出来立ての喉越しの良さ、透明感は作って10分くらいまでが最高の状態で味わえる。葛の性質を知り、それを忠実に守り、出来立てで最も美味しいくずきりを召し上がっていただく努力をしている。みのわでは、注文が入ってからしか作らない。そして、お客様、材料、作り方全てに対して誠実に精進を重ねたいと思う」と語る。

「近年は外国の方々も食感を楽しみ『おいしい』と言われる方が多くなった。日本の食文化、食材が健康に優れていることは、今世界中から注目されている。日本古来からの食材の良さを最大限に引き出し、日本らしいおいしい甘味としてお客様に提供できることが、会社、店の『長生き』へつながるのではないかと思う。現在、この店を継承できるよう人材を育てることに取り組んでいる。日本の食の良さを本当の意味で残していきたいと考えている」と熱く語った。ここは鎌倉の原生林が息づく中庭があり、関東タンポポや普賢象(桜)も見られ、中庭を眺めながら過ごすお客様も多いそう。

みのわの透き通る「くずきり」をいただいた瞬間、「元気になってほしい」という思いと、真の「日本らしさ」を受け継ぐ姿が我々の背中を押したような気がした。

＊「くずきり」は、みのわでの葛きりの呼称。

静岡県
Shizuoka

掛川市
葛布作り体験

掛川市役所では平成28年度(2016)から伝統産業の継承活動の一貫として葛布産業振興を進め、廣畑雅己さんが掛川市の葛に関する調査を担当した。その後、葛布産業の復活と継承に向けて「葛利活用委員会」が発足した。「葛まるごと利活用プロジェクト」として葛布啓発、家畜飼料への提供、葛の栽培、葛根原料提供、工業製品、サプリメント利用、葛花酵母の分離など、さまざまな事業が進められている。

「まずは葛布を知ってもらうことから始めたい」との思いで企画している「葛糸作り体験ツアー」だけでなく、多摩美術大学と協働で図書館で葛布の展示なども行っている。また、「掛川葛布イノベーションプロジェクト」を立ち上げ、掛川市、多摩美術大学、掛川手織葛布組合が協力し葛布製法の歴史を伝え、新たなデザインを加えることで、ひと味違う掛川葛布の風合いを研究している。

今回の体験ツアーの主催者は「達人に学び伝える会」。平成10年(1998)、市民大学卒業生の中から、地域課題に取り組むサークルとして発足した。「達人に学び伝える会」代表の藤井康子さんは、「掛川市には葛布に関わる人をはじめ、さまざまなもの作りの技術を持つ達人がいるのに次世代につながりにくい」と言う。そこで、まず自分たちが達人に学び、伝えるべき知恵と技は講座を作って伝えるようにした。

掛川の葛布作りは分業制で、①葛を刈り取って発酵させ川で洗って「葛苧」を作る人、②葛結びをしながら葛苧で糸を作り、「つぐり」を作る人、③葛布を織る人(織り元)、④鞄、傘、暖簾など製品に仕上げる人で成り立っている。伝統産業を残すために何が大切かと問いかけると、会員の一人は「何でも興味を持ってそこだけに留まらないこと、丹念に作業をする心がけを持つこと。面倒くさいと思えばそれまで」と言う。私たちの日常生活にも役立つ大切なことを伝統工芸を通して教えてもらった。

静岡県
Shizuoka

掛川市城下

小崎葛布工芸（おざきかっぷこうげい）

静岡県掛川市城下3-4
定休日 火曜日
営業時間 月～土　9:00～17:00
　　　　　日 祝 10:00～17:00
TEL 0537-24-2222
FAX 0537-24-5480

代表　小崎隆志さん

掛川葛布の工房の一つ、「小崎葛布工芸」の代表の小崎隆志さんが優しい笑顔で迎えてくれた。店内に入ると、葛布商品の種類の豊富さに驚いた。しおり、うちわ、コースター、カード入れ、印鑑入れ、名刺入れ、財布、扇子、ブックカバー、ポシェット、鞄、帽子、日傘、掛け軸、カーテン、座布団、草履…手軽にお土産となるものから、一生物の高価な物までさまざまな商品が並べられている。

葛には防虫効果や殺菌効用があるので、臭いが気になる物に向いているそう。

江戸時代、掛川では主に袴や道中着に使う葛布だけで産業が成り立っていたが、明治になってこれらの需要がなくなり廃業するところが多くなった。そこで、昔からお茶の産地だった掛川は、お茶商人による海外との交流を通じて葛を活用した壁紙を提案した。袴から壁紙への葛産業の転換を図ったことが成功し、アメリカやヨーロッパへ輸出され、独特のツヤがある壁紙は「カケガワ・グラス・クロス」と呼ばれた。その後、糸を作る人が減少し、材料も少なくなって輸出は減った。現在では、つるの採り手が少なく原料が高価になってしまうので、壁紙を作るよりも小物の方がいいと工芸品を作るようになった。一つひとつ丁寧に作られる葛工芸品は艶やかに仕上がり、その中にあたたかみが感じられた。

島田市金谷泉町

大井川葛布（おおいがわくずふ）

大井川葛布

静岡県島田市金谷泉町5-1
定休日 日・祝
営業時間 9:00~17:00

島田市金谷に所在する「大井川葛布」は、昭和25年(1950)に先代が手掛けた。昭和40年代(1965)には壁紙輸出が減り廃業するところが増えたが、大井川葛布では紙糸の壁紙も作っていたため会社は存続でき、今は葛糸も作っている。現在は代表の村井龍彦さんのご家族(村井さん、女将さん、息子さん)と機織職人1名で営んでいる。

「大井川葛布が大切にしていることは、葛布の基本を守るということ。纏う(着る)物として作ること」と語る村井龍彦さん。村井さんの着ている袖無羽織は経糸を木綿にしている。葛布の魅力については、「葛布はワールドワイドな物で、壁紙というジャンルでは北欧モダンにも影響を与えていたかもしれない。葛布は120年は現役で使える。虫もつかないので、汚れさえなければ長い間使うことができる。葛布はだんだんと色が変化するので年月とともに味が出てくるのも特徴だ」と村井さんは語る。

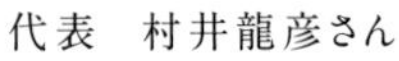
代表　村井龍彦さん

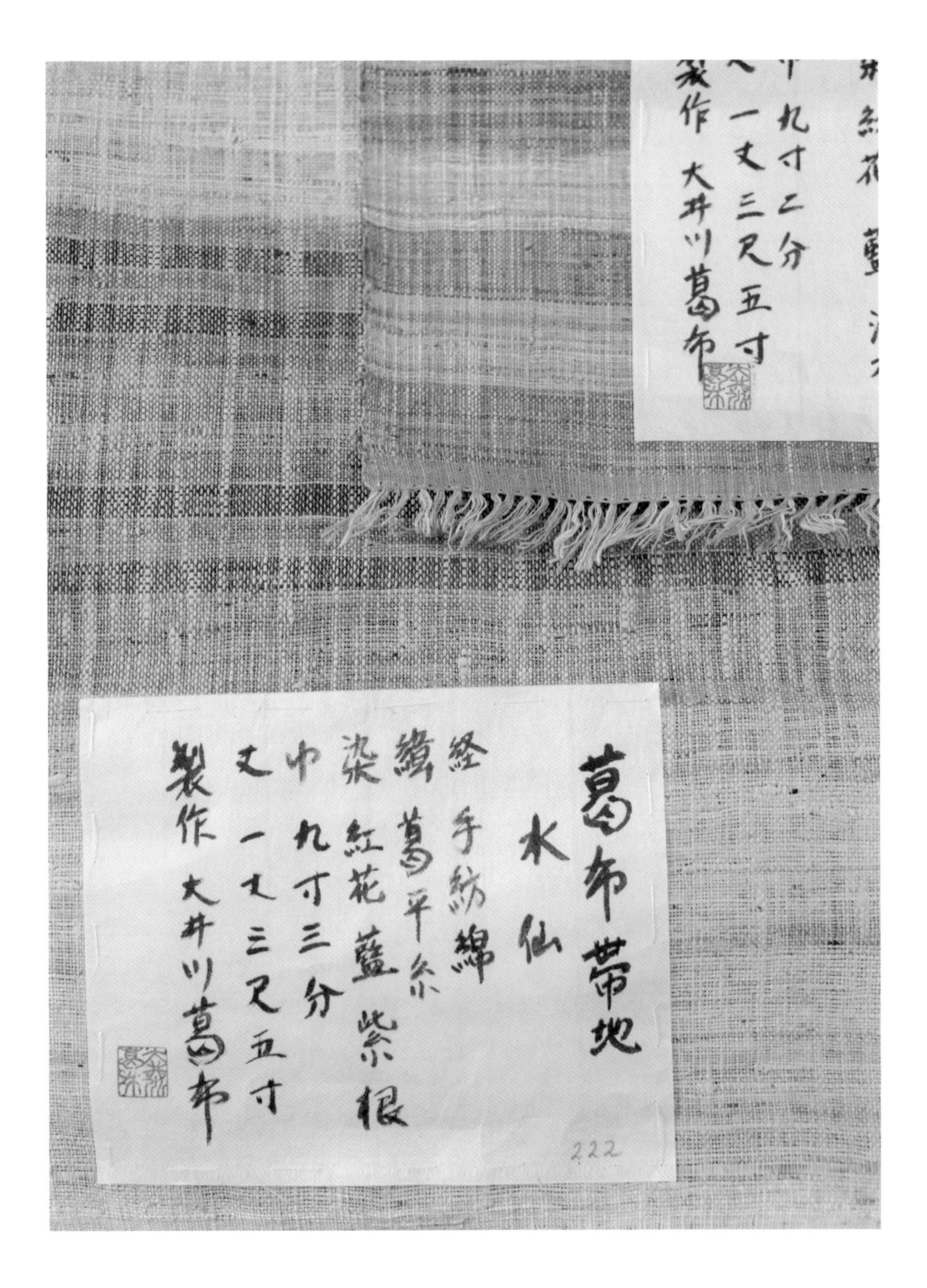

そして、「葛布は守らなければいけない伝統工芸品であり、自然と共存しながらのもの作りである。それだけではなく、すぐれた効能もある。今、多くの人が化学物質過敏症になっているが、現時点ではこれに対処する衣類がないので、対処できるのは自然布のみ。だからこそ、『服育』にも力を入れている」と締めくくった。単なる伝統工芸でなく、次世代のために守るべきものが、ここ静岡にはあった。

福井県
Fukui

小浜市一番町
伊勢屋（いせや）

福井県小浜市一番町1-6
定休日 水曜日
営業時間 8:00~18:00
TEL 0770-52-0766

福井の名物を守り続ける「伊勢屋」では、5代目代表を務める上田藤夫さんが「和菓子屋にとって大切なのは季節感」と話す。春夏秋冬を感じられる干菓子だけでも何十種類とある。

伊勢屋での葛まんじゅう作りは、2代目の時から始まった。京都、東京で修行を重ねた上田さんは、27歳で帰郷した。「これからは洋菓子といわれた時代に、自分だけ和菓子にこだわり、良かったと思っています。日本には行事ごとに和菓子を振る舞う習慣が残っているからです」と上田さんは言う。

代表　上田藤夫さん

葛は完全に透明になるまで糊化させ(本返し)、盃（さかずき）に葛とこしあんを入れ、水場に浮かべて冷やす。
現在はお持ち帰り用に形が壊れないようにと丸い型が使われているが、以前は清水焼のさまざまな形をした盃を使っていたそう。
上田さんは、「葛まんじゅうは切らずにひと口で食べて、つるりとした喉ごしを味わってほしい」と教えてくれた。

福井県

Fukui

ここの和菓子のおいしさの秘訣は「雲城水」にもある。名水100選に選ばれたこの湧水は素材の良さを引き出し、葛や餡の風味を大切にする和菓子作りには欠かせない。海の傍に面する地域でありながら、粘土層の下の砂礫層から湧き出ている真水は口当たりが良い。まろやかな飲み心地の軟水で、雑菌もなく腐りにくいとされる。しかし、汲みすぎると海水が入り二度と元には戻らないため、周辺企業に呼びかけをして水を守り続けている。

近場だけでなく、遠方からも愛される店の和菓子作りの秘訣は、恵みの水を大切に扱う地域への愛情と、和菓子への情熱が創り出す「水場に丁寧に浮かべられた葛まんじゅう」にある。

三方上中郡若狭町

まる志ん

葛と鯖寿しの店 まる志ん

福井県三方上中郡若狭町熊川39-11-1
定休日 不定休
営業時間 9:00~17:00(LO/16:30)
TEL 0770-62-0221
FAX 0770-62-0259

先代の岡本健二さんは熊川で衣料関係の仕事をしていた。この地域が熊川宿として整備された時に、観光で訪れるお客様のために飲食店を開こうと思ったことがまる志んの始まりだそう。若狭葛(熊川葛)が名物だったこの地域で、葛の専門店を開く決意をした岡本さんは、井上天極堂で「葛もち」や「葛きり」の作り方を学んだ。人気メニューである葛餅のあたたかさに驚くお客様も多いそう。おかみさん手作りの福井名物「葛まんじゅう」も欠かせない商品となっている。

*「葛もち」「葛きり」「葛まんじゅう」「鯖寿司」「おろしそば」は、まる志んの商品名の呼称。

代表 岡本宏一さんとご家族

昔、小浜で獲れた鯖を京都に運ぶために使われた「若狭街道」は、「鯖街道」とも呼ばれる。まる志んでも葛と鯖を名物にしようという思いで、「鯖寿司」の作り方も学び、今は代表の岡本宏一さんが作っている。葛料理を先代夫婦が、鯖料理は店主夫婦が担い、家族で福井名物を守り継いでいる。

また、福井は元々蕎麦の産地であり大根おろしと鰹節をかけた「おろしそば」が名物だが、まる志んでは特別に葛を練り込んだ蕎麦を作っている。細麺で、葛と掛け合わさった蕎麦はつるりとなめらかな食感になっている。葛料理と地域の味で、訪れる人々を魅了し続けている。

熊川宿は江戸時代から続く宿場町で、町の特長ともいえる水路は遥か上流から取水し街道に沿って流れてきている。この水路は、水量や速度が一定になるように設計されており、昔の測量技術の高さがうかがえ、先人の知恵が詰まった熊川宿に魅せられる。そして、核家族化により継承が困難になっている中、4世代が共に一つ屋根の下であたたかく卓を囲む姿は日本の古きよき家族の風景を思い出させてくれ、伝統の重みが感じ取れる場所だった。

三方上中郡若狭町

熊川宿資料館

くまがわじゅくしりょうかん

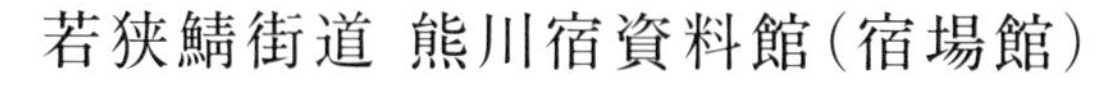
管理員　河合恭江さん

ここは昭和15年(1940)に熊川村役場として建てられたが、現在は、熊川宿と鯖街道の歴史を語り継ぐ資料館になっている。管理員の河合恭江さんが熊川について丁寧に説明してくれた。京都の隠れ家のような存在で、40戸ほどの小さな町だった熊川は現在京都まで直線距離で約50km。「京は遠ても十八里」という言葉が残っているように、熊川と京都の人々との往来に使われた道がこの「鯖街道」という。浅野長政が小浜城主になった時には街道としてますます繁栄し、熊川に行けばどんな仕事もできるのだと移り住む人が増え、200戸を越す大きな町になった。

2階には、「熊川葛」の製造に使われた葛粉作りに関する道具も保存されている。大蔵永常の書いた製葛録とともに、葛を研ぐための木桶や、乾燥させるためのコジュウタ(麹蓋)などが展示されている。

本葛粉は昔から京都の和菓子屋や料亭で使われることが多く、箱に納められた本葛粉も並べられている。当時の荷物は木の箱に詰められて運ばれており、今も当時使用された葛の入った木箱が京都の老舗の和菓子屋に残っているそう。熊川の歴史、中でも古くからの生活の知恵を語り継ぐここでの話は、熊川宿散策をより奥深いものにしてくれた。

若狭鯖街道 熊川宿資料館(宿場館)

福井県三方上中郡若狭町熊川30-4-2
休館日 月曜日
営業時間 9:00~17:00(4月~10月)/9:00~16:00(11月~3月)
TEL 0770-62-0330

葛旅に出かけよう
KUDZU DISCOVERY

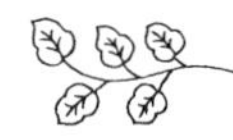

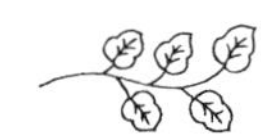

奈良県

Nara

宇陀市大宇陀

森野吉野葛本舗（もりのよしのくずほんぽ）

代表　森野智至さんとお母様

奈良県宇陀市大宇陀上新1880番地
営業時間 9:00~17:00
TEL 0745-83-0002
FAX 0745-83-2806

吉野南朝の時代より創業450余年、現在も豊かな自然と文化が多く残る大宇陀にて「吉野本葛」を作る。清廉な地下水と厳寒な気候が、純度の高い葛の精製にはかかせないことから、この地で葛を作り続けている。手間を惜しまず、価値ある本物を作り続けるという先人より受け継いだ理念を守り、日本固有の伝統文化に誇りを持ち、その維持継続に力を注ぐ森野吉野葛本舗。代表の森野智至さんは「江戸時代初期に葛粉作りに最適な地を求めて、それまでの吉野下市から大宇陀に移住し、以来この地で製造販売を続けている。その後江戸中期には八代将軍吉宗による漢方薬の国内での自給自足の施策として幕府から全国に採薬使が派遣された。十代当主森野賽郭（さいかく）は若い頃から本草学を研究、幕府の採薬調査にも貢献し、その功績により外国の貴重な種苗が下賜された。それを自宅裏山を拓いて植えつけたのが森野旧薬園の始まりとなった。」と柔らかな新緑に囲まれた森野旧薬園の資料館に展示されている葛の歴史や薬草研究に関する文献などを案内してくれた。葛の魅力について森野さんは「小さい頃から自宅と隣接する葛工場の真白い情景、風の臭い、職人のこだわりなどを肌で感じて育った。何百年と続いてきた家業を大切に継承し、またいつか次世代につなげて行くことが出来たらと思う。」と語った。宇陀松山地区は重要伝統的建造物保存地区に指定されている。先祖から残された葛屋という家業を引き継がれてきた軌跡をその古い街並みからも感じる旅であった。

専務　黒川伸一さん

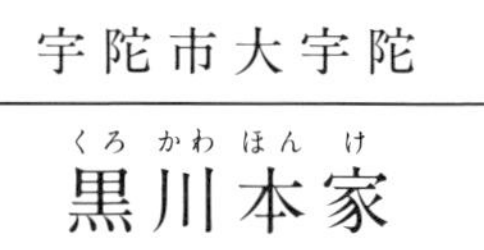
宇陀市大宇陀

黒川本家

(くろかわほんけ)

本店

奈良県宇陀市大宇陀上新1921
定休日 毎週水曜日
営業時間 9:00~17:00
TEL 0745-83-0025
FAX 0745-83-0800

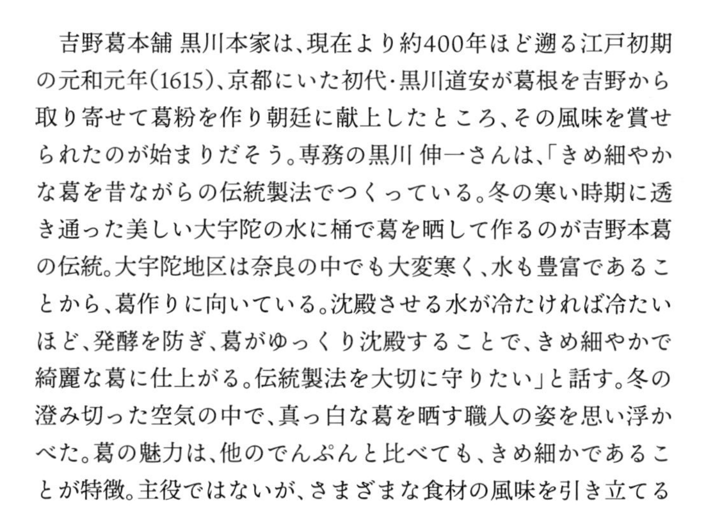

吉野葛本舗 黒川本家は、現在より約400年ほど遡る江戸初期の元和元年(1615)、京都にいた初代・黒川道安が葛根を吉野から取り寄せて葛粉を作り朝廷に献上したところ、その風味を賞せられたのが始まりだそう。専務の黒川 伸一さんは、「きめ細やかな葛を昔ながらの伝統製法でつくっている。冬の寒い時期に透き通った美しい大宇陀の水に桶で葛を晒して作るのが吉野本葛の伝統。大宇陀地区は奈良の中でも大変寒く、水も豊富であることから、葛作りに向いている。沈殿させる水が冷たければ冷たいほど、発酵を防ぎ、葛がゆっくり沈殿することで、きめ細やかで綺麗な葛に仕上がる。伝統製法を大切に守りたい」と話す。冬の澄み切った空気の中で、真っ白な葛を晒す職人の姿を思い浮かべた。葛の魅力は、他のでんぷんと比べても、きめ細かであることが特徴。主役ではないが、さまざまな食材の風味を引き立てる名脇役であると教えてくれた。今後の取り組みについて、黒川さんは「地域と葛の発展を願っている。葛の掘子が少なくなってきている時代、葛に関わる手仕事を少しでも増やしていきたい。そのためには、機具の貸し出しだけでなく、葛の根の特徴や掘り方を伝えていく仕組みが必要である。本社所在地の宇陀市は健康ウェルネスシティを掲げていることから、「薬草のまち」としても取り組みを強化し、葛をもっと地域に根ざしたものにしたい。地元での雇用創出、伝統文化の継承により地域に根ざした葛作りを目指す。また、葛の産業や文化を後世に残すためには、「葛の栽培」ができる方法も模索していきたい」と語った。葛の伝統を守り継いできた老舗葛屋の未来への想いをお聞きすることができた。

吉野郡吉野町

灘商事

(なだしょうじ)

奈良県吉野郡吉野町楢井1197
TEL 0746-32-8556
FAX 0746-32-8676

葛製品を中心とした販売業として昭和40年(1965)に創業して以来、葛(くず)の名の由来となった大和の国吉野で四季折々の恵みを大切にしながら、吉野葛製品を中心に柿製品や土産物等を扱い、今では全国各地に販売している。代表の西灘久泰さんは、「吉野葛は、昔から受け継がれてきた食文化の一つであり大切な役割を果たしてきた食材。決して主役になるような食べ物ではないが、料理の素材に溶け込んで和食やお菓子に至るまで色々な用途で「食」を支えてきた。日本の食文化をこれからも継承していくことが大事」と話す。また、葛の魅力について、「医食同源を実現できる吉野葛は、アレルギーの方も食べられる安心・安全なものであり、和食や和菓子以外の様々な料理に使うことのできる優れた食材であることを少しでも多くの人に知ってもらいたい」と想いを語ってくれた。今後の取り組みについて、「安心安全な食材として葛を広げていけるよう地道な努力を心がけたい。さまざまな用途で使える吉野葛として、固定概念にとらわれず色々な分野に挑戦し商品化を目指していきたい」と葛の可能性を最大限に引き出し、人々に寄り添った葛を見つめているようだった。

御所市戸毛

井上天極堂

（いのうえてんぎょくどう）

奈良県御所市戸毛107番地
TEL 0745-67-1665
FAX 0745-67-0688

株式会社井上天極堂は明治3年(1870)の創業以来作り続けている「吉野本葛」を始め、柿・笹・柏等各種加工葉、つくね芋、冷凍とろろ、各種野菜ペーストなど製菓食品材料の製造・販売をしている。「天と地の恵みへの感謝の気持ちを忘れず皆様に美味しい心豊かな暮らしをお届けしたい。今までも、これからも」という井上天極堂の想いに触れた。代表の井ノ上昇吾は「現在のライフスタイルに日本の伝統食品を変化させること。もちろん変えてはいけない本質は変えずに品質の向上に努めたい。葛には1200年ほどの歴史があるとされるが、その魅力は今でも驚くもの。葛に秘められた魅力をもっと探求したい。そして、次の世代により良くして伝承し、日本の食の「アイデンティティー」を守り、発展し、継承していきたい。」と幼少時代から葛に囲まれていた思い出とともに語ってくれた。

今後の取り組みについては「薬の語源にもなった「葛」の薬効を食品製造の立場から健康な身体づくりに貢献すること」と今までにない葛商品の開発について熱く語ってくれた。奈良県御所市の葛という地名であった場所に本社を置く井上天極堂の葛への想いを受け、これからの葛のあり方を見つめた。

〈井上天極堂の軌跡と想い〉

井上天極堂はそもそも山林物産商として始まった。南葛城郡葛村というのが当時の本社(奈良県御所市戸毛)の住所である。近所(葛村)には農家や山で生計を立てる人も多く、冬の農閑期になると近くの山へ葛根掘りに出かけた。掘った葛の根をつぶして水にさらして粗葛を作る。それを井上天極堂が集荷し粗葛として販売し、さらには吉野本葛の製造にも乗り出した。

しかし、葛粉作りは冬の作業であるため、年間通して人を雇い続けることはできない。そこで、葛と同じく山の中にある季節の植物を採取し、整えて販売することにした。日本には四季があるため、季節ごとに違う植物を採取することができ、季節感を大切にする和食や和菓子には天然の葉っぱの需要があった。今もよく知られている柿の葉寿司の柿の葉、柏餅の柏の葉、桜餅の桜の葉、敷葉や粽に使う笹の葉。食用ではないが、桜皮細工(工芸品)に使う桜の皮。今では需要がなくなったが、いかだを作るためのつるや萩の枝を集荷、販売していた時代もあった。このようにして、山のネットワークを使った山林物産商として吉野本葛と漬け葉、その他和食、和菓子材料を販売してきた。

時代の変化とともに日本人のライフスタイルは和から洋へ移り、和菓子や和食よりも洋食や洋菓子がもてはやされるようになった。また、海外から安価なでんぷんが輸入されたこともあり、葛粉の需要は減少し始めた。そこで、井上天極堂が行ったのは、自社店舗を持つことであった。製造卸業という今までの状態では直接お客様に物を売ることや声を聞くことができない。そこで、葛を見て、触れて、味わっていただくための葛のアンテナショップとして平成8年(1996)に東大寺西大門跡に直営店をオープンした。それまでは、吉野本葛が奈良県の伝統産業であるにもかかわらず、奈良県内に専門店はなかったが、いち早くネットショップを取り入れたことで、奈良県に居ながら全国のお客様に吉野本葛や葛を使った商品をお届けすることができた。はじめは葛湯、葛餅、葛うどんといった品揃えだったが、商品開発を続けて種類を増やしていった。和菓子の材料と思われがちな吉野本葛だが、それを使用したグルテンフリーのロールケーキやパウンドケーキを世界で初めて作り出し、健康志向の世代の方々にも受け入れてもらえる商品作りにも力を入れている。

昔は「風邪をひいたら葛湯」というように、生活に寄り添っていた葛も時代の変化とともに高級品や贈り物の扱いになってきた。しかし、井上天極堂は時代に合わせた商品提案、ライフスタイル提案をすることで、昔のように葛を身近なものにし郷土の食材で滋養と健康に役立てていただきたいという想いで今もさまざまな商品を生み出し続けている。

吉野郡吉野町

横矢芳泉堂（よこやほうせんどう）

奈良県吉野郡吉野町吉野山2396
定休日 不定休
営業時間 8:00~18:00
TEL/FAX 0746-32-3108

葛干菓子のお店を昭和16年(1941)から営んでいる。代表の横矢保夫さんは、「ここでは、作りたての葛干菓子のなめらかさやキュッと詰まった綿密さ、季節感をお客様に楽しんでいただきたいとの思いから、作りたてを召し上がっていただいている」と話す。

吉野山が桜色に染まる春には、葛干菓子は土産として喜ばれている。季節に応じたお干菓子を手作りにて製造販売しており、口に入れるとふわっと溶けて上品な甘さが広がり、お茶請けに大変好評を得ている。

代表　横矢保夫さんご夫妻

木型は固い素材の桜の木を使用しており自社で考案した図案を京都で彫ってもらっているそう。創業当時から使っている木型は100本位ある。

横矢さんは、「葛干菓子の伝統を守っていきたいが、今では、跡取の担い手がいないため困っています」という。

後継者問題では、どの産業も頭を抱えている。しかし、こうして伝統産業を継承する手立てを考え、毎日一番美味しい状態のものをお客様に提供し続ける姿勢は、我々を「真摯」の原点に返してくれた。

奈良県
Nara

吉野郡吉野町

竹林院群芳園

奈良県吉野郡吉野町大字
吉野山2142
TEL 0746-32-8081
FAX 0746-32-8088

「竹林院」は7世紀に開かれ、もともとは「椿山寺」といった。元来、山伏修験道のお寺で、吉野山で一番古い宿坊の一つでもある。現在の本館は江戸後期に建てられたもので、護摩堂がある。旅館としては、「群芳園」という庭園も合わせ「竹林院群芳園」とした。当園は天皇皇后両陛下をはじめ、皇室の方々からもご利用がある。

女将の福井正子さんは、「修験行者様が来られた時は精進料理をお出ししますが、その中で葛も使っています。太閤秀吉がお花見をなさった時、少し肌寒かったため体を温めてもらうよう、鍋に葛を入れた『利休鍋』は現在では名物となっています。これは800年もの間、竹林院で大切に守ってきた味といえます」と語る。「利休鍋」は、生姜と葛と和風だしを溶いて作る。

「葛は、お菓子にしても、料理にしてもとても優しいなめらかさを出してくれます。喉に癌ができ、水を口に入れても吐いてしまっていたお客様が、葛湯だけは飲むことができ、大変喜ばれたこともあります。また、美容健康にも良いと聞くと、昔から万能薬として扱われてきただけのものがありますね」と微笑んだ。

「日常に葛を使いたいという思いから、吉野で宿を営む女将さんで集まっている『笑の会』があります。そこでは、葛の花から香水を作ったり、葛飴を作ったりしています。今はお酒を作る方法を思案中です」とも語った。日常を華やかにしてくれる葛活用の今後の行方に目が離せない。

女将　福井正子さん

福岡県

Fukuoka

糟屋郡久山町
御料理 茅乃舎(かやのや)

次に訪れたのは福岡県糟屋郡にある久原本家「御料理 茅乃舎」。明治時代に醤油の製造から始まり、この福岡の地で使っている「だし」を「家庭料理でも」という思いから茅乃舎が誕生した。

代表　河邉哲司さん

和食の原点であるだしと葛の役割について話を聞いた。料理長である尾﨑雄二さんは東京で割烹を学び、茅乃舎ではオープン当初から料理人を務める。尾﨑さんは「日本の食文化・食材を継承していく上で大切にしていることは、醤油、味噌、だしなどの基本を押さえること。だしと素材が良ければ、味付けしなくてもおいしさが伝わる」と言う。お店で使われている葛の魅力について聞いてみた。「とにかく用途が多く、夏は葛きり、冬は銀あん。揚げ物に使うと、かりっとした中にもちっとした食感が出る。胡麻豆腐や、とうもろこし豆腐、水無月豆腐、茗荷豆腐など、季節に合わせていろいろな形で提供できるのも魅力」。今後取り組みたいことを聞いてみると、尾﨑さんは「和食が世界遺産になっている昨今だからこそ海外に和食を発信していきたい」と語ってくれた。和食の基本となるだしのように、世界の日本食の手本となるような料理人であり続けてほしいと強く感じた。

尾﨑雄二さん

福岡県
Fukuoka

御料理 茅乃舎

福岡県糟屋郡久山町大字
猪野字櫛屋395-1
定休日 水曜日（祝日の場合はその翌日）
TEL 092-976-2112

営業時間
レストラン 11:00~15:30（LO/13:30）
17:00~22:00（LO/20:30）
茶舎 11:00~22:00（LO/21:30）

朝倉市秋月

廣久葛本舗

廣久葛本舗（福岡本社）

福岡県朝倉市秋月532番地
定休日 なし
営業時間 8:00~17:00
TEL 0946-25-0215
FAX 0946-25-0888

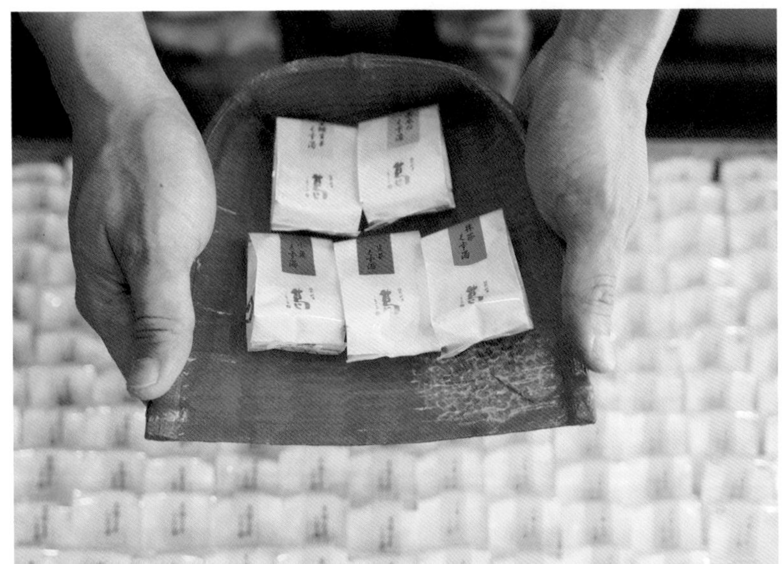

福岡県秋月の店舗を訪問した。建物は260年前のものだそう。代表の髙木久助さんは、葛業界では初めて小売業を展開した。

髙木さんは「店で一番売れるのは葛湯。45年前に作ったが、当時は個別包装がなかった。パッケージのデザインは先代が考えたもので、このロゴはお客様も覚えて下さり、今でも人気がある。変えないことに意味があり、デザインは変えないが、周りの状況は変わっている。昔は葛粉で売っていたが、時代と共に即席を求めて葛湯を売るようになった。しかし、今はまた自分で作るという時代に戻ってきた。時代に合わせ、お客様のニーズに合わせていかないと生き残れないし、これを考えるのが楽しい。楽しまないと仕事は続かない」と語る。老舗を守っていくために、革新的な考え方を持つことは大切なことだと感じた。

代表　髙木久助さん

廣久葛本舗　店内

葛旅に出かけよう

KUDZU DISCOVERY

鹿児島県

Kagoshima

鹿屋市串良町

廣久葛本舗（ひろきゅうくずほんぽ）

廣久葛本舗（鹿児島工場）

鹿児島県鹿屋市串良町
細山田2689

鹿児島の工場にも訪れた。日本の食文化、食材を継承していく上で大切にしてきたことを問いかけると、髙木さんは「家業を守ること。家業を守っていくことは、製葛産業を守るということで、我々にとっては普通のこと。『家業』とは企業ではない。何時から何時まで働くという考え方では家業は守れない。この仕事は、職人技や感性が求められるので、自分で高めていくもの、『職人』であるということが大切。それは昔ながらの働き方を貫くこと」と精力的に語った。

代表　髙木久助さん

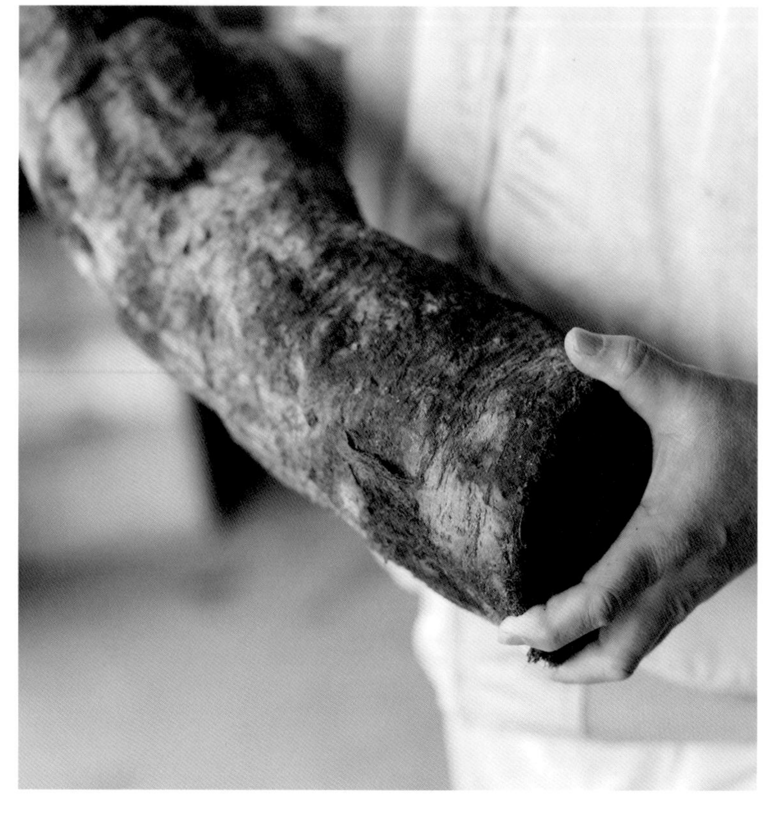

今後取り組みたいことを聞いてみた。「まずは『原料確保』が挙げられる。掘子の高齢化と、不作の時の原料確保が問題となっている。次に『海外販売』がある。日本の伝統文化は、多くが海外から評価されてきている。このような流れに乗って、高い意識、志を持つ人と協働し海外に販売していくことで、『葛家業』を続けていきたい。同じ『志』を持つ仲間との出会いはとても大切にしている」。髙木さんの真剣な眼差しから、力強いひと筋の光が感じられた。

曽於群大崎町

都食品

鹿児島県曽於郡大崎町永吉1202
TEL 099-476-0540

鹿児島県

Kagoshima

鹿児島県の曽於郡にある都食品には、創業以来の本葛粉以外にさつま芋関連商品も製造する「農産加工センター」が併設されている。出迎えてくれたのは代表の吉留一幸さん。

ここ鹿児島では、葛の精製に濃縮機を使って固液分離をする。機械化を進めることで安心・安全の商品作りが徹底されている。

日本の食文化を支えてきた葛を継承する上で大切なことは、「近代的な工場になっても、手間暇かけるところは変えることなく、『寒晒技法』の伝統は残すこと」と言う。都食品では葛栽培の試みも行なっている。鹿児島県は水はけの良い火山灰を含んだ土地が多く、葛の生育にとっては好条件なのだ。吉留さんは「地元大隅の地で、地産地消の精神をもって新しい商品開発に力を入れたい」と熱意を語ってくれた。大切に育てられている畑の葛の根、そして吉留さんの真剣な眼差しを見て、葛の未来がますます楽しみになった。

(左)副社長　吉留武志さん　(中央)代表　吉留一幸さん

垂水市二川

廣八堂（ひろはちどう）

廣八堂（福岡本社）

福岡県朝倉市日向石1202
オンラインショップ
TEL 0946-25-0311
FAX 0946-25-1259

廣八堂（鹿児島工場）

鹿児島県垂水市二川555-1

TEL 0994-36-2010
FAX 0994-36-2824

福岡県秋月の本社と新工場を訪ねた。秋月の本社では、明治8年（1875）から本葛粉を作っている。自然林に葛が生育しており、当時は16軒ほど葛屋があった。しかし、戦後は杉や檜を植えたために葛がなくなってしまい、昭和22年（1947）に原料が豊富な鹿児島に工場を移した。ここでは40数年前からわらび粉の製造も始めた。

代表　田口喜幸さん

代表の田口喜幸さんは胡麻豆腐が好きで、「葛で作った胡麻豆腐が一番好き。口溶けが違う。新鮮で美味しい胡麻豆腐を皆さんに作っていただきたい」。そして、「今は、ライフスタイルの多様化で和菓子屋さんに足を運ぶ人が減り、コンビニで和菓子を買う人が増えてきているのも事実。我々は、人々が和菓子を味わう機会を自ら創造する必要がある」と語った。

今後の課題を聞いてみた。「今困っていることは人手不足。とにかく葛を掘る人がいない。また、製品の『日持ちが短い』ということも課題となっている。糊化させた葛は本来日持ちがしない。しかし環境（ライフスタイル）の変化で日持ちを要求されると、純粋な葛粉では対応ができなくなる。インバウンド需要に対してもどのようにして葛の魅力を伝え、発信していくのかが課題。『和の生菓子』がキーワードであり、本物の和菓子の味を伝えるために技術革新の必要性を感じている」。葛とわらびに特化して、和生菓子を楽しめる店を作ることで、日本の食文化に触れてもらいたいというのが田口さんの願いである。

人々の生活に少しでも気軽に葛を取り入れてもらえたらと、月毎のレシピを展開するなど、和菓子だけでなく料理への応用も提案している。本物を追求し、これからの可能性を探る姿がたくましかった。

廣八堂（鹿児島工場）の従業員の皆さん

葛と素敵なまちのこと

先代から未来へ、親から子へ。葛の伝道師が語り継ぐ。

出前授業

地域の食文化を次世代へ「葛食育プロジェクト」

奈良の伝統産業である「吉野本葛」を伝えることを目的に、食育の一環として葛ソムリエによる出前授業を実施している。平成26年(2014)から、井上天極堂が子どもたちと直接対話することを大切にしている活動である。小学校を主とし、中学校、保育所、幼稚園、学童保育、高校、その他団体合わせて年間約100団体に葛についての話や、葛を使った調理実習を行なっている。

授業内容

授業風景

Class

1. ・吉野本葛の原料となるクズという植物についてのお話
   ー日本古来から存在していた、たくましく美しい葛ー
   ・大昔から食べられてきた吉野本葛の歴史
2. 吉野本葛ができるまでのお話
   「吉野晒の製法」
3. おいしい葛菓子を作る調理実習

調理実習

2時間授業(90分)の後半は、待ちに待った調理実習が始まる。一人ひとりがしっかりと食材と向き合い、クラスメイトと取り組む。葛の変化、滑らかな食感に驚き、感動する子どもたち。
葛菓子は「作り立てが一番おいしい」ということも授業内で伝える。

— 出前授業への想い —

Thoughts

井上天極堂　経営企画室　岡本富美子

「葛の話を通じていろいろなことに興味を持ってほしいです。授業の中で、葛の話では万葉集や分数などが登場し、でんぷんの粒子を見るときは理科、調理実習では家庭科の分野を学べます。本物の味、作り立てのおいしさ、手作りの良さ、そして食べることの楽しさを知ってもらえるとうれしいです。これを機に、家族と一緒に料理をしたり、出前授業の内容を含め学校での出来事を共有したりと、家庭のつながりを深めるきっかけが生まれることを願って授業をさせていただいています」

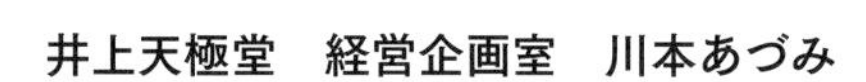

井上天極堂　経営企画室　川本あづみ

「出前授業で伝えたいことは、日本古来から存在した吉野本葛の歴史に加え、葛は、根、茎、葉、花を余すことなくすべて活用できるということです。さらに、さまざまな活用の可能性を持っていることや、葛をはじめ、人間は『太陽の日ざし、時折の雨、動物や植物などの自然の恵みによって生かされている』ということも伝えたいです。子ども達が自分たちの住むこの地球に、感謝してくれると嬉しく思います。また、学ぶ環境を整えてくれる先生、いつもご飯を作ってくれる家族、協力して料理を作った仲間など、周りの人々への感謝の心を育む授業になれば光栄です」

葛ソムリエ

葛と共に

「吉野本葛の伝道師として吉野本葛の魅力を伝えよう」

この思いから平成24年(2012)井上天極堂社員の人材育成を目的とし、葛の魅力を世に広める「葛ソムリエ協会」が発足した。平成27年(2015)からは葛に興味があれば誰でも「葛ソムリエ講座」を受講することができるようになり、全国で葛ソムリエの活躍の場が広がっている。

葛ソムリエ認定証

葛ソムリエ認定バッジ

葛ソムリエは吉野本葛の歴史、製法、調理法等の知識を有し、吉野本葛に関する事業活動を行うことで、健康づくり、食文化の育成および国内の葛文化の発展に寄与することを目的としている。大量生産·大量消費という社会によって家内工業として営んでいた葛産業が激減してしまったが、昨今、日本国内、海外ともに人々の健康意識は向上し日本の伝統産業は見直されている。葛ソムリエ協会は、葛に関わる全ての産業に光を当て、各分野の伝承と産地の活性化を支援し、食育活動によって伝統食材である本葛粉の消費拡大と葛文化のさらなる発展を目指している。

葛ソムリエ取得後…

- 葛ソムリエ取得の認定証·葛ソムリエバッジ·名刺が授与される。
- 葛ソムリエであることを掲げて料理教室等のイベントを開催することができる。イベントを通じて吉野本葛の魅力を伝えることができる。
- 葛ソムリエ通信で葛に関する最新情報を得ることができ、葛工芸体験やフィールドトリップ等に参加できる。

葛ソムリエ協会の事業活動

1. 吉野本葛の普及·啓発
2. 吉野本葛の機能性·保存性などの研究および有効性の提唱
3. 吉野本葛に関する料理·加工の開発
4. 吉野本葛に関する資格制度(葛ソムリエ)の運営
5. その他本協会の目的を達成するために必要な事業活動および関係団体·個人との連携

くずまん誕生秘話

次世代を担う子ども達にも伝統産業である吉野本葛を知ってもらいたいという思いから、平成24年(2012)初めて出前授業に挑戦。地域学習として先生方同士の口コミなどで出前授業が広まり、定着してくると幼稚園や保育所からも依頼が舞い込むようになった。初めて訪問した園では小学校の低学年と同じように話したものの、子ども達には植物としての葛も、本葛粉の作り方も分かったような分からないような…。そこで小学校での出前授業とは違い、「吉野本葛はおいしい」「吉野本葛は身近なものだ」と感じてもらうことを優先。

そこで誕生したのが「くずまん」である。読み聞かせの紙芝居では、葛のつるがぐんぐん伸びる様子や綺麗な花が咲くことを伝える。紙芝居の最後には、なかなか抜けない葛の根っこを掘り出すのにくずまんが力を貸してくれる。力持ちでスーパーヒーローのくずまんが実際に登場すると、みんな笑顔になる。子ども達が親しみやすいイメージキャラクターがいることで、吉野本葛や葛餅作り体験を覚えていてくれる子ども達が増えてきた。くずまんのさらなる活躍に期待がかかる。

ボクの名前は「くずまん」

平成26年(2014)12月12日に葛まんじゅうから生まれた元気な男の子。全国に吉野本葛の良さを広めるために生まれたんだ。奈良だけでなく色んな場所にどんどん足を運ぶよ！魅力いっぱいの奈良と吉野本葛のことを、これからもよろしくずまん！

＊ 井上天極堂オリジナルキャラクター

和のある
暮らしと葛

近頃の食卓では、日本の古来から受け継がれてきた和食が私たちの食卓から消えつつある。季節が運ぶ色とりどりな食材、山や里や海から採れる豊かな食材、日本の発酵調味料、そして、昔から健康のために愛されてきた葛をもう一度見直して美味しい和食を楽しもう。

料理研究家

田中愛子

大阪樟蔭女子大学教授　リスタクリナリースクール校長
食育ハーブガーデン協会理事長

1949年　大阪市の商家に生まれる。
1972年　大阪樟蔭女子大学英米文学科卒業。
1987年　夫·裕氏がニューヨーク五番街で高級和食店をオープン。以後、各国への事業展開と共に多くのパーティーコーディネートに携わる。
2001年　自身のニューヨーク食の体験を綴った「美味しい、たのしい グッドギャザリングフロムニューヨーク」を出版。51才から、プロの料理家として 雑誌、新聞などにレシピやエッセイを執筆。又、NHK「きょうの料理」など テレビに出演。
2005年　リスタクリナリースクールを創設。家庭料理の大切さを伝えるために家庭料理のプロを育てる。料理研究家養成コースを始めてから、卒業生の70パーセントが開業している。
2009年　「食育ハーブガーデン協会」を設立。協会の理念「食卓の上のフィロソフィー」を提案し、持続可能な世界を作るための食教育を150の施設や学校で実施。更に日本料理国際化協会を立ち上げる。
2011年　樟蔭高校 教育アドバイザーに就任。
2012年　マレーシアにて、「ハラール和食」のレシピ提案など活動。
2014年　大阪樟蔭女子大学 教授に就任。高校大学一貫のフードスタディーズコースの創設に尽力する。
2017年　10冊目の本となる「食卓の上のフィロソフィー」を出版。
2018年　「Food Studies of Osaka」を英語で出版。「食卓の上のフィロソフィー」の考え方に共感の輪が広がり、シェフなどのコラボレーションブックなど4冊を出版予定。「日本料理」の普及に尽力を注ぎ、国際フードスタディーズ学会での発表や講演活動も好評を得ている。

葛を使った基本の和食

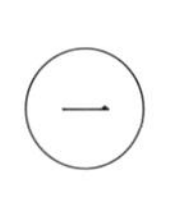

葛豆腐

#001　P.97
枝豆豆腐

#002　P.97
胡麻豆腐

#003　P.97
パプリカ豆腐

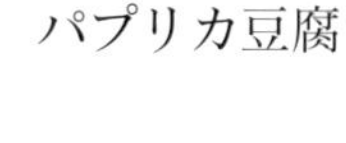

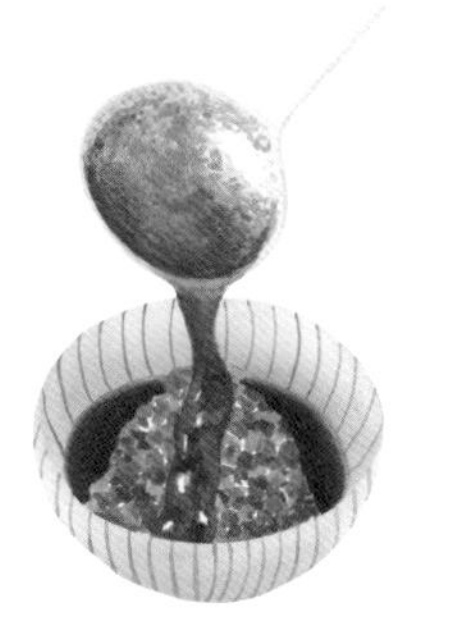

葛あんかけ

#004　P.99
南瓜の鶏そぼろ蒸し

#005　P.100
秋鮭ときのこのあんかけ

#006　P.101
揚げ素麺の吹き寄せ

葛たたき

#007　P.103
わかめと根菜の鶏たたきサラダ

#008　P.103
鱧のお椀

#009　P.104
豚しゃぶしゃぶ葛たたき

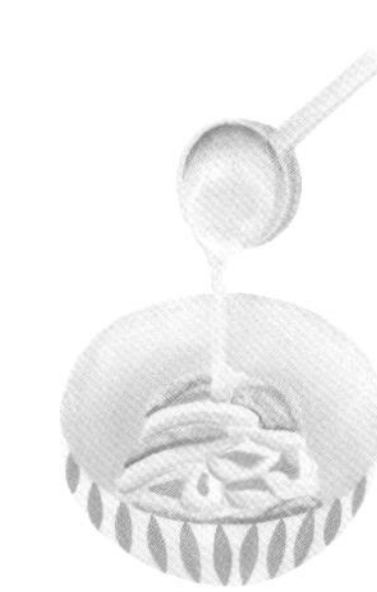

葛和え衣

#010　P.106
鯛の胡麻だれ丼

#011　P.107
葛きり黄身酢和え

#012　P.107
旬の魚の吹き寄せ

㊀ 葛豆腐

練れば練るほどもっちり、なめらか

精進料理の代表的なお料理。クリーム状になるまで擦った胡麻の風味と葛を練り合わせて作る胡麻豆腐をベースに、季節の色とりどりの葛豆腐の新しいレシピをご紹介。

001　Green Soybean Tofu

枝豆豆腐

INGREDIENTS / 材料 4人分

枝豆	150g
水	400cc
本葛粉	50g
[飾り用]	
枝豆	2〜3個
わさび	適量
しょうゆ	適量

METHOD / 作り方

1. 枝豆は色良く茹で、皮、袋とも取り除く。
2. 水と枝豆をミキサーにかけ、本葛粉を混ぜ合わせ鍋に入れ、火にかける。鍋につかなくなったら一人分ずつ猪口(ちょこ)にとり、冷やし固める。
3. お好みでわさび醤油などをつけていただく。

THE POINT OF KUDZU / 葛ポイント

枝豆の爽やかな色と葛の食感が気持ちを優しくしてくれる季節の一品。

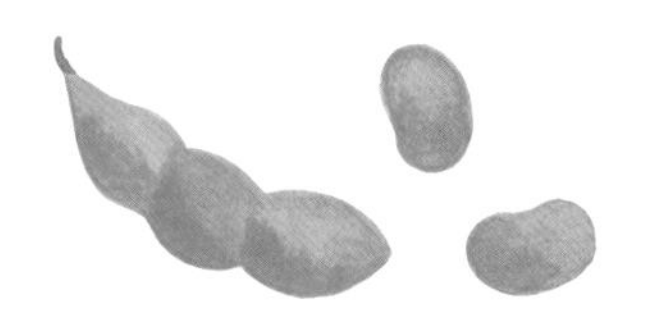

002　Sesame Tofu

胡麻豆腐

INGREDIENTS / 材料 4人分

本葛粉	50g
昆布だし	350cc
練り胡麻	50g
塩	小さじ1/4
[飾り用]	
割醤油	薄口しょうゆ 1：1 だし
おろしわさび	適量

METHOD / 作り方

1. 本葛粉は昆布だしでよく溶き、ざるでダマを漉す。
2. 鍋に(1)、練り胡麻、塩を加えて強火にかける。
3. 表面に気泡が出てきたら弱火に落とし、つややかになるまで10分ほど混ぜる。
4. 一人分ずつ猪口(ちょこ)にとり、冷やし固め、割醤油とわさびを添える。

THE POINT OF KUDZU / 葛ポイント

葛を使う料理の中で、胡麻豆腐は葛の特徴をとても良く表したお料理。弾力のある食感、胡麻の深みのある旨味、そして葛の栄養価も加わって、精進料理には欠かせない一品。

003　Paprika Tofu

パプリカ豆腐

INGREDIENTS / 材料 4人分

パプリカ	1個
本葛粉	50g
昆布だし	150cc
牛乳	100cc
塩	少々
[飾り用]	
ほうれん草などの青物	適量
青柚子	適量

METHOD / 作り方

1. パプリカは色良く茹で冷水にとり、皮をむきフードプロセッサーにかけてピューレ状にする。
2. 本葛粉を昆布だしと牛乳に溶かし、ざるなどで一度漉して鍋に入れる。パプリカと塩を入れ、火にかけてとろりとなるまで練り上げる。
3. 一人分ずつ猪口(ちょこ)にとり、冷やし固め、椀だねとする。ほうれん草など青物、青柚子などの薬味を添える。

THE POINT OF KUDZU / 葛ポイント

いつもの胡麻豆腐と違った、牛乳とパプリカを使ったニューバージョンの葛豆腐。西洋料理にもおすすめ。

㈡ 葛あんかけ

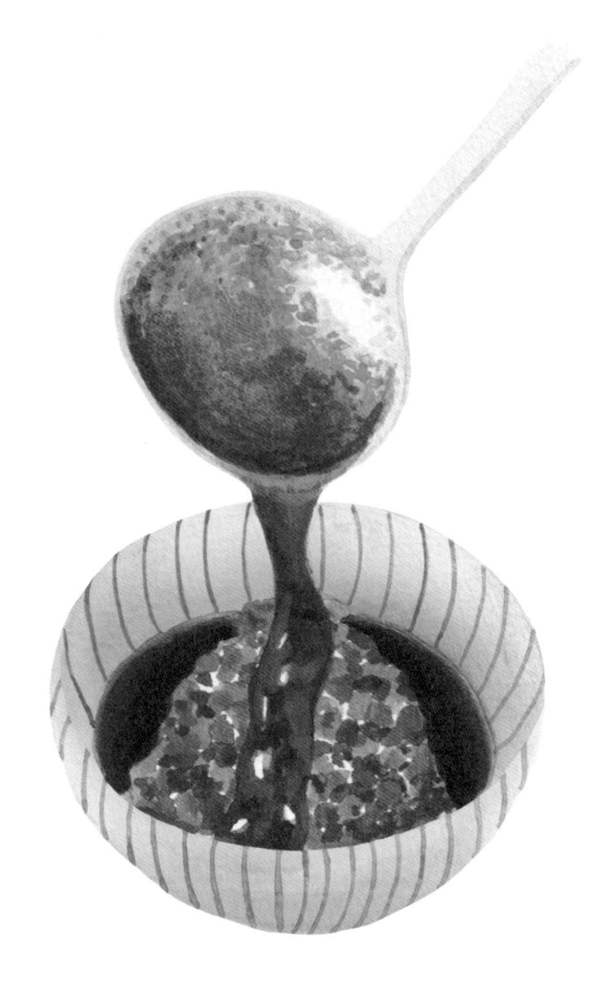

食材を輝かせる魔法の調理法

とても大切な役割を果たしている葛あんかけ。お料理に艶を出し、魚介類や肉、麺類、丼物など、食材を包み込むことで冷めにくくし、身体を温めてくれる。食材に合わせてあんかけのだしの風味を変えてみて。

004　Steamed Pumpkin with Flavored Minced Chicken

南瓜の鶏そぼろ蒸し

INGREDIENTS / 材料 4人分

南瓜	600g
鶏ミンチ	200g
[A]	
土生姜	少々
水	大さじ3
酒	大さじ1
しょうゆ	大さじ2強
砂糖	大さじ1弱
[あん]	
だし	2カップ
みりん	大さじ4弱
しょうゆ	大さじ4弱
本葛粉 (同量の水で溶く)	大さじ1
[飾り用]	
針生姜(またはおろし生姜)	適量

METHOD / 作り方

1 南瓜は2~3cmの厚さに切り12分程蒸す。

2 鶏ミンチは[A]の調味料で汁気がなくなるまで煎り、そぼろにする。

3 あんは、だし、みりん、しょうゆを火にかけ、水で溶いた本葛粉を加えて一煮立ちさせとろみをつける。

4 (1)の南瓜を荒く潰し、(2)の鶏そぼろと混ぜる。

5 器に入れて10分程蒸し、上から(3)のあんをかけ、針生姜を盛り付ける。

THE POINT OF KUDZU / 葛ポイント

生姜が効いた風味豊かな葛あんかけ。肉や魚のお料理とよく合う。

005　Autumn Salmon with Mushroom Sauce

秋鮭ときのこのあんかけ

INGREDIENTS / 材料 4人分

生鮭(切り身)	4切れ
しょうゆ	大さじ1
酒	小さじ2
生姜(絞り汁)	小さじ1
本葛粉 粉末タイプ	適量
揚げ油	適量
えのきだけ	1袋
生しいたけ	4個
しめじ	1パック
サラダ油	大さじ1/2
[合わせ調味料]	
だし	1と1/2カップ
しょうゆ	大さじ3
砂糖	大さじ1
みりん	大さじ1
オイスターソース	小さじ1
本葛粉	大さじ1
[飾り用]	
ゆずの皮の千切り	適量

METHOD / 作り方

1 鮭は一切れを3〜4つに切る。

2 えのきだけは長さ半分に切る。生しいたけとしめじは石づきを取り、薄切りにしておく。鮭は下味の材料を混ぜて20分ほどおき、ペーパータオルで水分を拭き取り、本葛粉をまぶして中温(170度くらい)でからりと揚げる。

3 フライパンにサラダ油を入れ、きのこ類を炒め、油がまわったら合わせ調味料を入れ、とろみをつける。

4 器に鮭をおき、(3)をかけ、ゆずを散らす。

THE POINT OF KUDZU / 葛ポイント

葛の特徴の一つは、とろみづけができること。優しい風味のあんかけの作り方を覚えてお料理のレパートリーを広げよう。

葛あんかけ

006　Fukiyose with Deep Fried Noodles

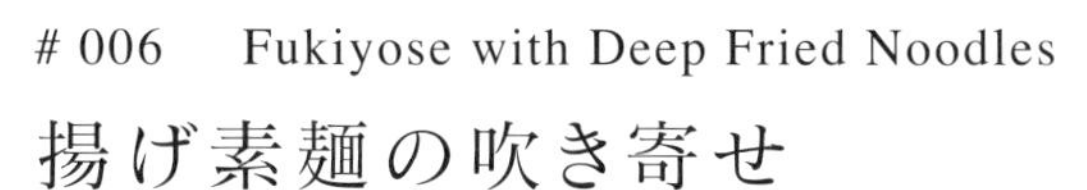

揚げ素麺の吹き寄せ

INGREDIENTS / 材料 4人分

素麺(細め)	1束
サラダ油	適量
海老	4尾
塩	適量
しめじ	1パック
酒	少量

[基本あんかけ]

だし	2カップ
酒	大さじ1
濃口しょうゆ	大さじ1
みりん	大さじ1

[水溶き葛]

本葛粉	大さじ1
水	大さじ3

[飾り用]

さつまいも	適量
人参	適量
軸三つ葉	1/2束

METHOD / 作り方

1 素麺は4つに折り、サラダ油で揚げる。

2 海老は塩茹でし、殻をむき3〜4つに切る。しめじは石づきを除き、小房に分ける。少量の酒で炒り、塩を少々ふる。

3 あんかけはだし、酒、濃口しょうゆ、みりんを合わせて沸騰させ、水溶き葛を加えてすぐに混ぜる。

4 器に揚げた素麺を盛り、あんかけに(2)を加えて上からかける。軸三つ葉、型抜きして茹でた飾り野菜を盛り付ける。

THE POINT OF KUDZU / 葛ポイント

お家に眠っている素麺と季節の葛あんかけで品のある一皿の出来上がり。

㊂ 葛たたき

風味を閉じ込め旨味を増す

食材の表面に粉末にした本葛粉を薄くまぶし、さっと湯がく調理法。「葛打ち」ともいう。魚や肉の鍋料理・サラダ・お吸い物に。食材をつるんとした食感に仕上げ、旬の食材が持つ風味を一段と引き立たたせることで、しなやかな一品を演出。

007　Chicken Breast Salad

わかめと根菜の鶏たたきサラダ

INGREDIENTS / 材料 4人分

蓮根	50g	[たれ]	
ごぼう	1/2本	だし	100cc
黄パプリカ	1/2個	しょうゆ	大さじ1
塩蔵わかめ	適量	みりん	小さじ2
鶏ささみ	150g	本葛粉 粉末タイプ	小さじ2
本葛粉 粉末タイプ	大さじ2	(同量の水で溶く)	
七味	少々	生姜汁	小さじ1
		サラダ油	大さじ1

METHOD / 作り方

1. 蓮根は薄い輪切りにして水につけておく。ごぼうは皮を剥き、斜め切りにして水に放しておく。パプリカは千切りにする。わかめは塩抜きのため、水につけておく。
2. 鶏ささみは観音開きにして筋を取り、本葛粉を軽くまぶして熱湯で茹で、手で適当な大きさにちぎる。
3. 器にわかめを敷き、茹でた野菜と鶏ささみを盛り、たれをかけて好みで七味などを振る。

THE POINT OF KUDZU / 葛ポイント

旬の野菜と肉や魚の葛たたきで広がる料理のレパートリー。日々の暮らしに葛を活用しよう。

[たれ]

1. 耐熱容器にだし、しょうゆ、みりんを入れてレンジで1分加熱する。
2. (1)に水溶き葛を加えてとろみをつけ、生姜汁を加える。
3. (2)が冷めたらサラダ油を入れて混ぜ合わせる。

008　Conger Eel Soup

鱧のお椀

INGREDIENTS / 材料 4人分

鱧(骨切りしたもの)	200g	[胡麻豆腐]	
本葛粉 粉末タイプ	適量	本葛粉	25g
[すまし汁]		昆布だし	175cc
だし	4カップ	練り胡麻	25g
薄口しょうゆ	小さじ2	塩	小さじ1/8
酒	大さじ2	[飾り用]	
塩	小さじ1/2	紅葉人参	適量
		すだち	1個

METHOD / 作り方

1. すだちは6～8等分に切り、人参は紅葉型に抜いて茹でておく。骨切りにした鱧に、ハケなどを使って丁寧に本葛粉をまぶす。
2. 鍋に熱湯を沸かし(1)の鱧を入れ、浮き上がったら取り出す。
3. 鍋にだしを入れ、煮立ったら調味料を入れて、すまし汁を作る。
4. 椀に3cmくらいに切った胡麻豆腐、鱧、紅葉人参を盛り、だしを張り、すだちをのせる。

　＊胡麻豆腐の作り方はP.97をご参照ください。

THE POINT OF KUDZU / 葛ポイント

葛たたきをして食材を茹でると、つるっとした舌触りが残り、旨味が凝縮されて美味しくいただける。

009　Pork Shabu Shabu

豚しゃぶしゃぶ葛たたき

INGREDIENTS / 材料 4人分

油揚げ	1〜2枚
しめじ	1/2袋
豆腐	1丁
三つ葉	1束
昆布	適量(7〜8cm角)
にんにく	1かけ
水	適量
酒	大さじ3〜4
本葛粉 粉末タイプ	大さじ3〜4
豚肉	300g程度

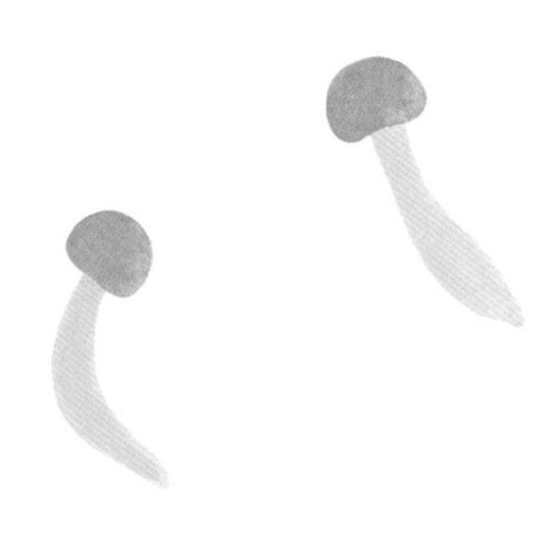

METHOD / 作り方

1. 油揚げは細切りにし、しめじは石づきを取り、食べやすく切り分けておく。豆腐は6等分から8等分に切っておく。三つ葉は3〜4cmの長さに切る。
2. 土鍋に昆布とにんにくを入れ水を張り火にかけ、酒を入れる。
3. 切った材料、軽く本葛粉をまぶした豚肉を入れる。お好みのポン酢やゴマだれなどでいただく。

THE POINT OF KUDZU / 葛ポイント

お肉に本葛粉をたたいて茹でる一工夫で、いつもと違った食感の鍋料理が完成。是非試してみて。

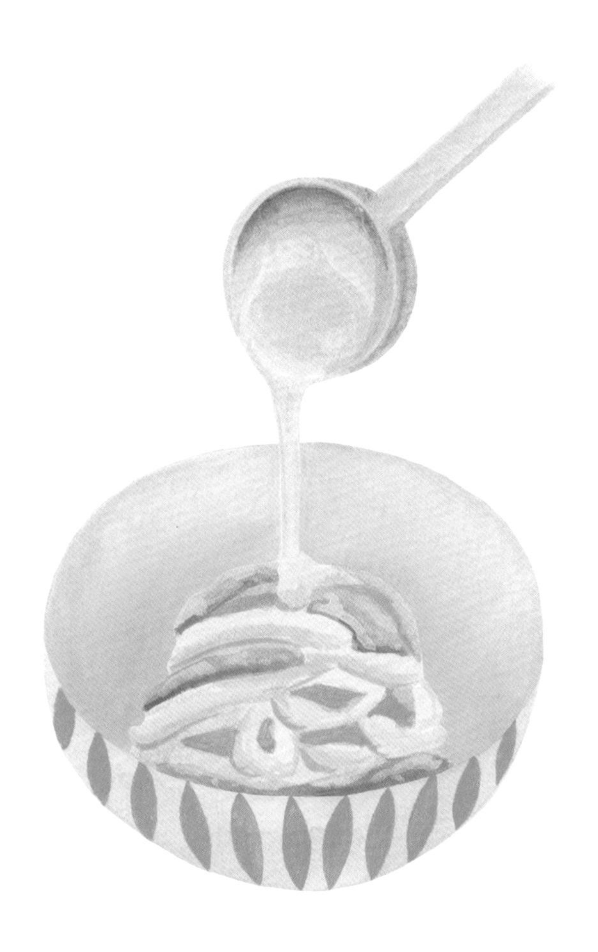

葛が織りなすハーモニー

野菜や魚介を和える時に味を馴染ませ、素材を融合させる和え衣。和え衣に本葛粉を入れて火にかけると、とろんとした葛和え衣の出来上がり。どんな形にも変化できる本葛粉を活用して、お酢や味噌ベースの和え衣、梅肉やしそを使った和え衣など多様な素材と合わせてみよう。

010　Sea Bream Bowl with Sesame Sauce

鯛の胡麻だれ丼

INGREDIENTS / 材料 4人分

鯛(刺身用)	320g
ご飯	適量
[胡麻だれ]	
しょうゆ	100cc
みりん	100cc
練り胡麻	大さじ4
本葛粉 粉末タイプ	小さじ2
[飾り用]	
三つ葉	2〜3束
のり	適量
わさび	適量

METHOD / 作り方

1. 鯛は布巾を被せ、上から熱湯をかけてすぐに冷水にとる。
2. (1)を8mmくらいの厚さで斜めにそぎ切りにする。
3. 胡麻だれの材料を全て鍋に入れよく混ぜ、本葛粉のダマがなくなったら火にかける。とろみがついたら火を止め、粗熱を取る。
4. (3)が冷めたらボウルに移し替え、(2)の鯛を加えて和える。
5. 三つ葉はさっと茹でて長さ2cmに切る。
6. 器にご飯、(4)の鯛、三つ葉を盛り、残りのタレをかける。

THE POINT OF KUDZU / 葛ポイント

胡麻だれに葛のとろみが効き、鯛のお刺身に絡ませることでご飯がさらに美味しくなる。お酒の後の一品にもどうぞ。

011 Kudzukiri dressed with Kimizu

葛きり黄身酢和え

INGREDIENTS / 材料 4人分

葛きり	50g
きゅうり	適量
トマト	適量
鶏ささみ	100g
海老	適量
[黄身酢]	
卵黄	2個
本葛粉 粉末タイプ	小さじ2
砂糖	大さじ１と1/2
だし	1カップ
塩	小さじ1弱
酢	大さじ2

METHOD / 作り方

[下準備]

- 葛きりは湯で戻して4〜5cmに切る。
- きゅうりは色出しをする。
- トマトは種と皮を取る。
- 鶏ささみはさっと茹でる。

（きゅうり・トマト・鶏ささみ：サイの目切りにする。）

- 海老は茹でた後、殻をむく。

1 酢を除いた材料全部を合わせて火にかけ、とろみがついたら火からおろして冷まし、最後に酢を加え黄身酢を作る。

2 葛きりを器に盛り黄身酢を注ぐ。天盛りにきゅうり、トマト、鶏ささみ、海老を盛り付ける。

THE POINT OF KUDZU / 葛ポイント

古くから伝わる黄身酢は、その色と香りで日本料理の一品として愛されてきた。葛のなめらかさが黄身酢の味わいを引き立てる。

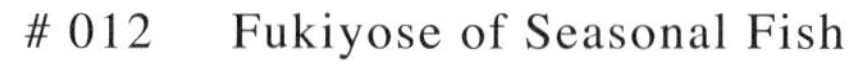

012 Fukiyose of Seasonal Fish

旬の魚の吹き寄せ

INGREDIENTS / 材料 4人分

春キャベツ	1〜2枚
セロリ	1/2本
きゅうり	1/2本
青じそ	5枚
マグロやイカ（季節のお刺身）	約200g程度 お好みで
[飾り用]	
すだち	2〜3個

[ドレッシング]	
だし	100cc
しょうゆ	大さじ1
砂糖	小さじ1
本葛粉 粉末タイプ（同量の水で溶く）	小さじ2
すだちの絞り汁（もしくは酢）	大さじ1
サラダ油	大さじ1

METHOD / 作り方

[ドレッシング]

1 耐熱容器にだしとしょうゆと砂糖を入れて電子レンジで1分加熱する。そこに水溶き葛を加えてとろみをつける。

2 (1)が冷めたら、すだちの絞り汁もしくは酢、サラダ油を入れて混ぜ合わせる。

[サラダ]

1 野菜類は、それぞれ細い千切りにして水に放しておく。お刺身は食べやすい大きさに切る。

2 器に野菜とお刺身を混ぜ合わせて盛り、ドレッシングをかけてすだちを添える。

THE POINT OF KUDZU / 葛ポイント

葛のとろみが効いた優しい味のドレッシング。和え衣のバリエーションを毎日の食卓で楽しもう。

吉野仕立ての素

あんかけ料理は「水溶き葛を加える」という少しの手間でおいしさが倍増する魔法の調理法。子どもの嫌いな野菜炒めも、あんかけにすれば嫌がらずに食べてくれる。少しの手間が面倒に思える日にも大活躍の『吉野仕立ての素』。粉末のだしに吉野本葛を合わせた『吉野仕立ての素』にお水を加えて加熱すると簡単あんかけの出来上がり。さらに、食品添加物不使用なので毎日食べても安心。忙しい日はこれさえあれば、手間いらずで身体に優しいお料理がすぐに作れてしまう。

だし茶漬け

おにぎりをお椀に入れ、『基本のあんかけ』をたっぷりとかけ、三つ葉やあられ、わさびを天に盛る。

お吸い物

お椀に豆腐、ネギ、わかめ、麸などすぐに食べられる椀種を入れ、『基本のあんかけ』を注ぐ。

あんかけ丼

お好きな野菜や魚介を炒め、10倍量の水で溶いた『吉野仕立ての素』を加える。一煮立ちさせ、溶き卵を回し入れる。ご飯にかけて出来上がり。

だし巻き卵

卵にスプーン１杯の『吉野仕立ての素』と水少々を加えてよく溶き、いつもどおりにだし巻き卵を作る。だしが香る上に葛の力でふんわりと仕上がり、忙しい朝を助けてくれる。

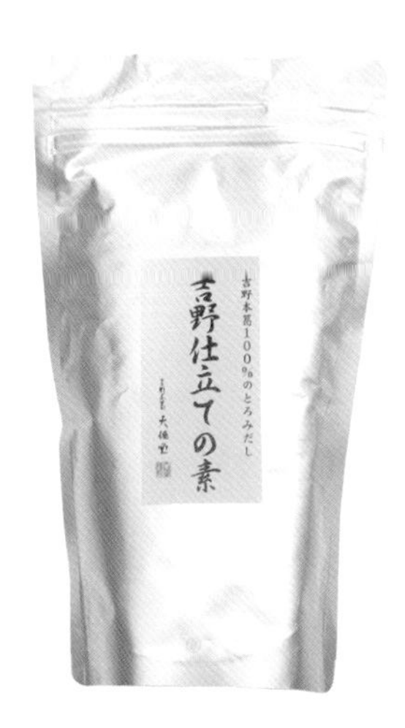

基本のあんかけ

『吉野仕立ての素』40gに水400cc（粉の10倍の水）を入れて溶かし、混ぜながら火にかけて一煮立ちさせ、とろみがついたら出来上がり。少量の水で溶いた素に熱湯を注いでよく混ぜ、さらに電子レンジで温めて作ることもできる。

井上天極堂　「吉野仕立ての素」
240g入り　1200円（税別）

KUDZU Green Glamping

グリーングランピング

Glampingの醍醐味、それは、大自然の陽光の中で非日常を味わえること。また、家族や仲間とオープンキッチンで火を起こしたり、料理のアイディアを出し合ったりと、クリエイティブな空間をみんなで共有できること。いつも共に囲む食卓を野外で過ごす。澄んだ空気の中でまさにGlamping(Glamorous+Camping)が味わえる「ネスタリゾート神戸(兵庫県三木市)」にて、Green Glampingと葛のコラボレーション。本葛粉と食材を持参し、旬の食材に耳を傾け、身も心も解放して外の空気を味わおう。

Kudzu green glamping

OUTDOOR LIVING

GREEN GLAMPING RECIPE

Kudzu green glamping

LET'S GET COOKING

No. 001

スパークリングクデュウー

Sparkling Kudzu Drink

INGREDIENTS / 材料　4人分

ベリー	適量
ざくろ味クデュウー （井上天極堂の商品）	2本
炭酸水	適量
[飾り用]	
ミント	適量

METHOD / 作り方

1. グラスにベリー、クデュウー、炭酸水の順に注ぐ。
2. ミントを盛り付ける。

THE POINT OF KUDZU

とろりとしゅわしゅわ
両方を楽しめるクデュウー
アレンジレシピ。

クデュウーとは？

外出先に持ち運べ、すぐに飲むことができる温冷可能なカップ入り葛湯。日常生活で不足しがちな栄養を補給できるよう、甘酸っぱいざくろ味は鉄分入り。

井上天極堂　「クデュウー」
125g入り　300円（税別）

No. 002

シナモン香る焼きとろリンゴ

Cinnamon Flavored Grilled Apple

INGREDIENTS / 材料　1個分

リンゴ	1個
ナッツ	適量
はちみつ	大さじ2
レーズン	適量
葛湯シナモン （井上天極堂の商品）	1袋(20g)
熱湯	100cc

METHOD / 作り方

1. リンゴの芯を抜く。上から3cm程包丁で輪を描くように切り目を入れ、スプーンで芯をくり抜く。
2. くり抜いた穴に、ナッツ、はちみつを入れる。
3. アルミホイルでリンゴを包み、網の上でリンゴを焼く。
4. 火が通ったら、レーズンを振りかける。
5. 葛湯シナモンを熱湯で溶き、お皿に盛り付けたリンゴの上にかける。

THE POINT OF KUDZU

とろんとした葛湯とリンゴが掛け合わさり、頬張った瞬間口いっぱいに甘みが広がります。食物繊維が豊富なアウトドアデザート。

レシピ監修 / HAKUTAI

Kudzu green glanping

OUTDOOR LIVING

GREEN GLAMPING

Kudzu green glanping

LET'S GET COOKING

フランス南部のプロヴァンス地方、ニースの郷土料理であるラタトゥイユに葛や山芋を入れて和のテイストをグランピング料理にプラス。夏野菜の旨味と葛のとろみのハーモニー。森の中で味わう心温まる一品に。

No. 003

和タトゥイユ

Wa'tatouille

INGREDIENTS / 材料　4人分

にんにく	1片
ナス	1本
ズッキーニ	1本
山芋	1/2本
黄パプリカ	1個
玉ねぎ	1個
オリーブオイル	大さじ1
トマト缶	1缶
みりん	大さじ1
塩	ひとつまみ
薄口しょうゆ	大さじ3
味噌	小さじ1
本葛粉（同量の水で溶く）	大さじ1
[飾り用]	
イタリアンパセリ	適量

METHOD / 作り方

1. にんにくはみじん切り、ナス、ズッキーニ、山芋は輪切りまたは半月切り、パプリカは乱切り、玉ねぎはくし型切りにする。
2. ダッチオーブン(鍋)にオリーブオイルを熱し、にんにくを炒める。
3. (2)に玉ねぎ、ズッキーニを入れ、透き通ってくるまで炒める。
4. (3)にパプリカを入れて炒める。
5. パプリカが柔らかくなったらナス、山芋を加え、全てに火が通るまで炒める。
6. トマト缶を入れる。
7. みりん、塩、薄口しょうゆ、味噌を入れ、弱火で約20〜30分煮込む。
8. 本葛粉を同量の水で溶き、(7)に入れ、とろみがつくまで火にかける。
9. イタリアンパセリを盛り付ける。

No. 004

ふっくら卵のホットサンド

Hot Fluffy Egg Sandwitches

THE POINT OF KUDZU
卵に葛を入れると
ふっくらした仕上がりに。
好きな具材を挟んでボリューミーなホットサンドを作ろう。

INGREDIENTS / 材料　4枚分

本葛粉 (同量の水で溶く)	大さじ2
卵	4個
塩	少々
オリーブオイル	小さじ1
厚切りベーコン	8枚
食パン	8枚
レタス	適量
トマト	適量

METHOD / 作り方

1. 本葛粉を同量の水で溶き、そこに卵、塩を入れよくかき混ぜる。
2. フライパンにオリーブオイルを熱し、スクランブルエッグを作る。合わせて、厚切りベーコンを焼く。
3. 食パンに具材をはさみ、ホットサンドプレートでパンに焼き目が付くまで焼く。

No. 005

カボチャの葛ポタージュ

Pumpkin Kudzu Potage

THE POINT OF KUDZU
ポタージュに葛のとろみを加えることでカボチャの甘みをさらに凝縮。

INGREDIENTS / 材料　4人分

カボチャ	600g(正味400g)
玉ねぎ	1個
バター	大さじ1
しめじ	100g(1パック)
牛乳(豆乳)	600cc
塩	ひとつまみ
コショウ	少々
本葛粉 (同量の水で溶く)	大さじ1
[飾り用] イタリアンパセリ	適量

METHOD / 作り方

1. カボチャを5cm角ほどに切り、箸がすっと通るくらいまで茹でる。
2. 茹であがったらザルに取って水気を切り、皮は包丁で切り落とし、果肉をボウルに入れスプーンで潰す。
3. 玉ねぎはみじん切りにする。
4. ダッチオーブン(鍋)にバターを熱し、玉ねぎがきつね色になるまで中火でよく炒める。きつね色になったら弱火にする。
5. しめじを加え、よく火が通ったらカボチャを加え軽く混ぜる。
6. (5)に牛乳を入れ、塩・コショウで味を調え、弱火で15分程煮る。
7. 本葛粉を同量の水で溶き、(6)に入れ、とろみがつくまで火にかける。
8. イタリアンパセリを盛り付ける。

Kudzu green glamping

OUTDOOR LIVING

GREEN GLAMPING RECIPE

Kudzu green glamping

LET'S GET COOKING

No. 006

スパイシーチキングリル

Spicy Grilled Chicken

INGREDIENTS / 材料　4人分

鶏もも肉　大2枚(500〜600g)

[飾り用]

ミニトマト	適量
ジャガイモ	1個(大きめ)
オクラ	適量

[A]

カレー粉	大さじ1
クミンパウダー	小さじ1
チリパウダー	小さじ1
ターメリックパウダー	小さじ1
塩	少々
コショウ	少々

本葛粉 粉末タイプ	適量
オリーブオイル	大さじ1

METHOD / 作り方

1 [A]を混ぜ合わせる。

2 [A]を鶏もも肉にまぶし、よく揉みこみ味をなじませる。

3 (2)に本葛粉をまぶす。

4 ダッチオーブン(スキレット)にオリーブオイルを熱し、もも肉に焼き目をつける。

5 飾り用の野菜をチキンのサイドに置き、蓋をしてよく焼く。

※ ダッチオーブン(スキレット)を使用しない場合は、アルミホイルで包んで網の上で焼くなどの調理も可。アウトドアでお肉を使う場合はよく火を通すことが大切。

THE POINT OF KUDZU

本葛粉をまぶして焼くとカリッと焼きあがる。直火で豪快に作る、エネルギッシュなアウトドアレシピ。

No. 007

もっちり豆乳リゾット

Soy Milk Risotto

INGREDIENTS / 材料　4人分

にんにく	2片	粉末だし	少々
玉ねぎ	1個	水	400cc
オリーブオイル	大さじ1	豆乳	400cc
まいたけ	1パック	本葛粉 粉末タイプ	大さじ1
米	1と1/2カップ	粉チーズorとろけるチーズ	お好みの量
塩	ひとつまみ	[飾り用]	
コショウ	少々	イタリアンパセリ	適量
薄口しょうゆ	大さじ1		

METHOD / 作り方

1. にんにく、玉ねぎをみじん切りにする。
2. スキレットにオリーブオイルを熱し、にんにく、玉ねぎの順に炒める。
3. (2)にまいたけを加え、炒める。
4. (3)に生米を入れ、透明になるまで炒める。
   ※洗うと水を吸収して粘りが出てしまうので、洗わない！
5. (4)に塩、コショウ、薄口しょうゆ、粉末だしを入れる。
6. (5)に水を入れ、芯の固さが少し残るくらいまで加熱する。(中火約10分)途中水が蒸発したら足し入れる。
7. 別の容器に豆乳、本葛粉を入れ葛粉を溶かす。
8. (6)に(7)を入れ、蓋(アルミホイル)をかぶせ15分程弱火で炊く。
9. お好みで粉チーズ、イタリアンパセリをかけて完成。

THE POINT OF KUDZU

葛を入れて炊くことでお米がふっくら炊き上がる。葛が食材と絡み合い、野菜の甘みや豆乳のコクが引き立つ一工夫の葛レシピ。

No. 008

ごろごろビーンズのとろ〜りスープ

Torori Bean Soup

INGREDIENTS / 材料　4人分

玉ねぎ	1個	だしパック	1パック
えのき	100g	塩	ひとつまみ
鶏もも肉	150g	コショウ	少々
オリーブオイル	大さじ1	薄口しょうゆ	大さじ4
ミックスビーンズ	240g	本葛粉	大さじ1
水	600cc	(同量の水で溶く)	

METHOD / 作り方

1. 玉ねぎは薄切りにし、えのきは根元を切り落として食べやすい大きさに切る。鶏もも肉も食べやすい大きさに切る。
2. ダッチオーブン(鍋)にオリーブオイルを熱し、鶏もも肉を炒める。
3. 玉ねぎを加えて炒める。
4. えのき、ミックスビーンズを加えてさっと火を通したら水とだしパックを加えて煮込む。
5. 塩·コショウ·薄口しょうゆで味を調える。
6. 本葛粉を同量の水で溶き、(5)に入れ、とろみがつくまで火にかける。

THE POINT OF KUDZU

タンパク質豊富な食材たちを葛のとろみと召し上がれ。アウトドアで身体を動かした後にぴったり。ハイキングなどの時は保温ジャーに入れて持ち運ぼう。

海辺に着くと、目の前にはあたり一面に広がるビーチとキラキラ光る波が待っていた。心が解き放たれ、つい伸びをしたくなるような海辺が宮崎県日向市にある。「日本の渚100選」の一つに選ばれている「お倉ヶ浜」は4kmにも及び、その勢いのある波を求めて日本中のサーファーが集う。“Phew Hyuga!Relax Surf Town”を合言葉に、私たちの身体を癒す葛料理と自然を通して人をつなぐGlampingを掛け合わせた。運動後でも食べやすい葛料理をご紹介。

どんなテーマにも溶け込むことが得意な葛。ここでは、従来の和のイメージを覆す洋風のアウトドア料理にアレンジ。さまざまな料理に変身する葛の面白みがこのBeach Glampingに詰まっている。材料の一部に、宮崎県にある「スーパーマルイチ」が展開する地産地消ブランド「Farm on Table」の野菜を使用。日向百生会(ひゅうがひゃくしょうかい)の畑で大切に育てられた身体に優しい無農薬野菜たちは、瑞々しく身体の隅々まで元気を届けてくれるような活き活きとした野菜だ。旬の野菜をふんだんに使い、奈良の吉野本葛とコラボレーション。ビーチでの葛ライフもまた新しい発見となった。

※ 日向市に特別に許可を得て海岸で撮影をしています

Kudzu Beach glanping
OUTDOOR LIVING

BEACH GLAMPING RECIPE

Kudzu Beach glanping
LET'S GET COOKING

THE POINT OF KUDZU

野菜の甘みや風味を葛の
とろみで閉じ込めよう。ビーチで
冷えた身体を温めたいときに
おすすめの一品。

No. 001

あったかベジスープ

Hot Vegetable Soup

INGREDIENTS / 材料　4人分

玉ねぎ	1/2個
人参	1本
モロッコインゲン	10本程
オリーブオイル	大さじ1
しめじ	1パック
ホールコーン	1缶
水	800cc
だしパック	1パック
塩	ひとつまみ
薄口しょうゆ	大さじ1
本葛粉 (同量の水で溶く)	大さじ1

METHOD / 作り方

1 玉ねぎはくし形切り、人参は輪切り、モロッコインゲンは2cm幅に切る。

2 鍋にオリーブオイルをひき、(1)を炒める。

3 (2)にしめじ、ホールコーンを入れ炒める。

4 ある程度火が通ったら水とだしパックを加え、野菜が柔らかくなるまで火を通す。途中灰汁が出てきたらすくう。

5 火が通ったらだしパックを取り出し、塩、薄口しょうゆで味を調える。

6 本葛粉を同量の水で溶き、(5)に入れ、とろみがつくまで火にかける。

レシピ監修 / HAKUTAI

No. 002

Kudzuシャクシューカ

Kudzu Shakshouka

INGREDIENTS / 材料　4人分

にんにく	2片
玉ねぎ	1個
トマト	1個
オリーブオイル	大さじ1
トマト缶（ホールトマト）	1缶
クミンパウダー	小さじ1
チリパウダー	小さじ1
砂糖	小さじ1
塩	少々
コショウ	少々
バゲット	1本
本葛粉（同量の水で溶く）	大さじ2
卵	4個
[飾り用]	
イタリアンパセリ	適量

METHOD / 作り方

1 にんにくと玉ねぎをみじん切りにする。トマトは1cmほどの角切りにする。

2 フライパンにオリーブオイルを熱し、中火でにんにくを炒め、玉ねぎを加えて火が通るまで炒める。

3 トマト缶を入れホールトマトを潰し、トマトを加え、混ぜながら火にかける。

4 クミンパウダー、チリパウダー、砂糖、塩、コショウを入れ味を調える。

5 バゲットを別のフライパンなどで焼き始める。

6 (4)に同量の水で溶いた本葛粉を入れ、とろみをつける。

7 (6)に卵を割り入れ、蓋をして弱火で3分程加熱する。

8 イタリアンパセリを飾って出来上がり。焼いたバゲットにつけて楽しもう。

THE POINT OF KUDZU

北アフリカを中心とした中近東で食される
トマトソースに卵を落とした料理。どの国の料理にも
溶け込むことができるのが葛料理のうれしいところ。
葛でとろみのついたソースとバゲットの相性は抜群。
ついつい手が伸びてしまう！みんなでテーブルを
囲めるアウトドアメニュー。

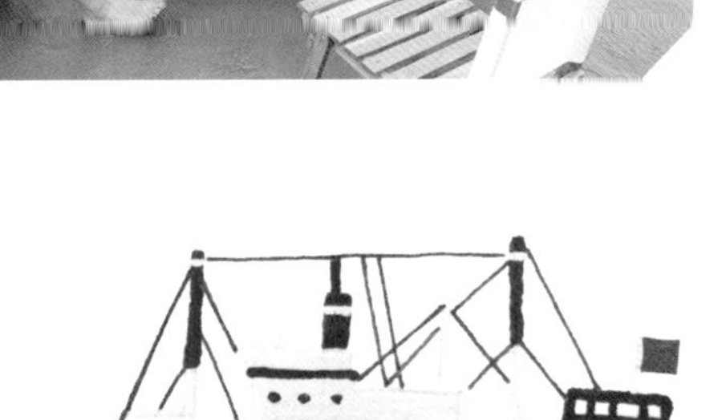

Kudzu Beach glanping
OUTDOOR LIVING

BEACH GLAMPING RECIPE

Kudzu Beach glanping
LET'S GET COOKING

No. 003

彩り野菜と葛たたきのシーフードサラダ

Colorful Vegetable and Seafood Salad

THE POINT OF KUDZU

とろみのあるドレッシングはシーフードと野菜を上手に絡め、一体感のあるサラダに。葛打ちをすることでシーフードの舌触りがより滑らかになり、リッチなサラダがアウトドアでも楽しめるのが魅力！シーフードは、葛打ちとフレッシュ、2種類の違いを楽しめる。

INGREDIENTS / 材料　4人分

[ドレッシング]

本葛粉 粉末タイプ	小さじ1と1/2
水	100cc
レモン	1/4個
オリーブオイル	大さじ2
塩	ひとつまみ
コショウ	少々
薄口しょうゆ	小さじ1/2
バルサミコ酢	お好みの量

[サラダ]

トマト	1個
黄パプリカ	1/4個
アボカド	1個
空芯菜(季節の野菜)	1束
(ベビーリーフでもOK)	(1袋)
はすがら	1本
シーフード(刺身用)	200g
サーモン･タコ･イカ等(お好みのもの)	
本葛粉 粉末タイプ(葛打ち)	適量

METHOD / 作り方

[ドレッシング]

1 鍋に本葛粉と水を入れ、よくかき混ぜて溶かし、火にかけ、とろみがついたら火を止め、ボウルに移してよく冷ます。

2 別のボウルにレモン、オリーブオイル、塩、コショウ、薄口しょうゆを入れて混ぜ合わせておく。

3 とろみの加減を見ながら(2)に(1)を少しずつ入れ混ぜる。

[サラダ]

1 トマトはくし形切りにし、黄パプリカは細切り、アボカドは角切りにする。空芯菜は5cm幅に切り、はすがらは皮を剥き、薄切りにする。

2 シーフードの半量に葛打ちをし、さっと茹でる。

＊ 葛打ち…食材の表面に薄く本葛粉をまぶしつけ、さっと湯がく調理方法のこと。

3 材料を器に盛り、ドレッシングをかける。バルサミコ酢はお好みでかける。

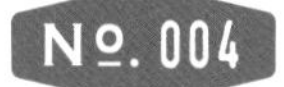

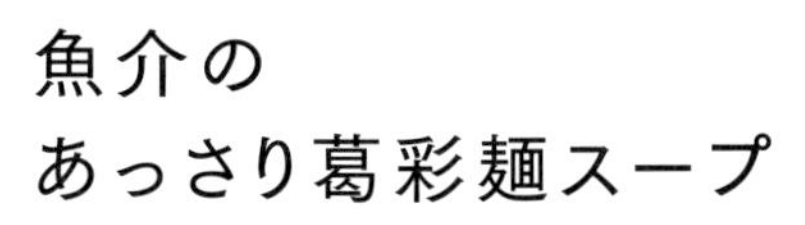

魚介の あっさり葛彩麺スープ

Kudzu Noodle with seafood soup

INGREDIENTS / 材料　4人分

にんにく	1片
海老(殻付き)	12尾
オリーブオイル	大さじ2
イカ(カットしているもの)	200g
白ワイン	大さじ4
水	600cc
粉末だし	2g
塩	ひとつまみ
本葛粉 粉末タイプ (同量の水で溶く)	小さじ1
葛彩麺(井上天極堂の商品)	1袋
すだちの絞り汁	小さじ4(すだち2個)

[飾り用]

イタリアンパセリ	適量

METHOD / 作り方

1 にんにくは薄くスライスし、海老は下処理をする。

2 鍋にオリーブオイルを熱し、にんにくを炒める。

3 イカ、海老を加えて火を通す。

4 白ワインを入れて蓋をして5分蒸す。

5 水、粉末だしを入れ一煮立ちさせる。

6 塩で調味し、同量の水で溶いた本葛粉を入れ、とろみがつくまで火にかける。

7 別の鍋で葛彩麺を茹で(3分)、さっと冷水につける。

※ 麺が水分を吸いやすく、スープを吸ってしまうため、茹で時間を短くする。

8 (7)を(6)に入れ、麺に火が通ったら火から下ろす。葛彩麺、具材をお皿に盛り付けスープを入れる。最後にすだちを絞り、イタリアンパセリをかける。

Kudzu Beach glanping

OUTDOOR LIVING

BEACH GLAMPING RECIPE

Kudzu Beach glanping

LET'S GET COOKING

THE POINT OF KUDZU

生クリームを使わなくても葛のとろみが野菜を包み込んでくれる。新鮮な野菜が手に入ったら、手軽に作れるソースで季節の恵みを味わおう。

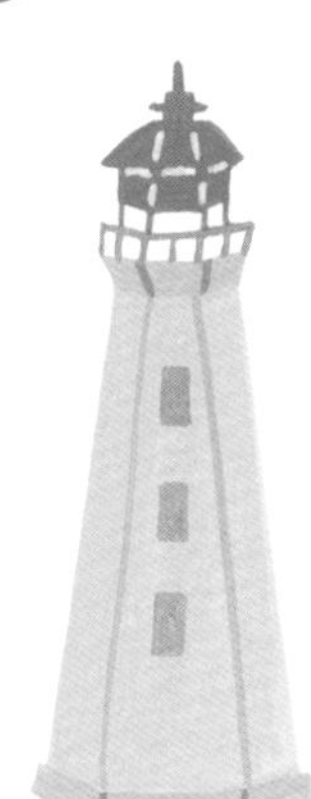

No. 005

地元の朝採れ野菜のバーニャカウダ

Bagna Cauda
with Garden Fresh Vegetables

INGREDIENTS / 材料　4人分

季節の野菜(お好きな野菜)	
ミニトマト	4個
オクラ	4本
黄パプリカ	1個
とうもろこし	1本
ズッキーニ	1本
ナス	1本
[ソース]	
にんにく	1片
アンチョビ	2切れ
オリーブオイル	小さじ1
豆乳(生クリーム)	100cc
本葛粉 粉末タイプ(同量の水で溶く)	小さじ1

METHOD / 作り方

[野菜]

1 野菜を食べやすい大きさに切る。

2 野菜をさっと茹でる。もしくはスキレット等でさっと焼く。

[ソース]

1 にんにくは茹でて潰しておく。

2 アンチョビは細かく刻んでおく。

3 鍋にオリーブオイルを熱し、にんにく、アンチョビを入れて炒める。

4 (3)に豆乳を入れる。

5 本葛粉を同量の水で溶き、(4)に入れ、とろみがつくまで火にかける。

THE POINT OF KUDZU

本葛粉をまぶして焼くことでカリッとした仕上がりに。ジューシーな鶏もも肉の旨味と玉ねぎの甘みが活かされた白ワイン葛ソースのコンビネーションを楽しもう。バゲットにのせて食べてもgood!

No. 006

地鶏グリル ～白ワイン葛ソース添え～

Grilled Chicken
with White Wine Sauce

INGREDIENTS / 材料　4人分

鶏もも肉	大2枚(500～600g)
塩	少々
コショウ	少々
本葛粉 粉末タイプ	適量
オリーブオイル	大さじ1
[白ワイン葛ソース]	
オリーブオイル	小さじ1
玉ねぎ	1/4個
白ワイン	100cc
ブラックペッパー	適量
本葛粉 粉末タイプ (同量の水で溶く)	小さじ1

METHOD / 作り方

1. 鶏もも肉に塩、コショウをし、本葛粉をまぶす。
2. ダッチオーブンにオリーブオイルを熱し、鶏もも肉の両面をこんがり焼き、蓋をして中までしっかり火を通す。中まで火が通っているかを確認し、食べやすい大きさにカットする。

[白ワイン葛ソース]

1. フライパンにオリーブオイルを熱し、みじん切りした玉ねぎを炒める。
2. 玉ねぎに火が通ったら白ワインを入れ沸騰させる。ブラックペッパーを加えて5分程煮込み、同量の水で溶いた本葛粉を入れとろみをつけたら火から下ろす。

Kudzu Beach glanping
OUTDOOR LIVING

BEACH GLAMPING RECIPE

Kudzu Beach glanping
LET'S GET COOKING

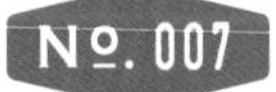

No. 007

地鶏グリルのソース 5種

5 Sauces for the Grilled Chicken

THE POINT OF KUDZU

「葛とろりあん」をあらかじめ作っておくと、具材に加えるだけでとろんとした葛ソースに早変わり。食材にかけてもディップしても楽しめる。

葛とろりあんの作り方

METHOD OF MAKING
'Kudzu Tororian'

INGREDIENTS

本葛粉	大さじ1
水	180cc

METHOD / 作り方

1 鍋に水、本葛粉を入れよく混ぜ合わせ、中火にかける。

2 とろみがかり、つやが出たら火から下ろして冷ましておく。

001

爽やかライムのサルサソース

Fresh Lime Salsa

INGREDIENTS / 材料 4人分	
トマト	1/2個
紫玉ねぎ	1/8個
ピーマン	1/2個
ライム	小さじ1
オリーブオイル	小さじ1
塩	ひとつまみ
コショウ	少々
チリパウダー	少々
葛とろりあん	大さじ2

METHOD / 作り方

1 お湯を沸かしボウルに入れる。

2 トマトの底に十文字の切り目を入れ、フォークでトマトをさしてお湯につけ皮を剥く。その後、角切りにしておく。

3 紫玉ねぎはみじん切りにし、辛い場合は塩で軽く揉み、流水で洗い流す。ピーマンもみじん切りにしておく。

4 器に(2)、(3)、残りの材料と「葛とろりあん」を入れ、混ぜ合わせる。

002

じゃが味噌マスタードソース

Potato & Miso Mustard

INGREDIENTS / 材料	4人分
ジャガイモ	1個(大きめ)
みりん	小さじ1
マスタード	小さじ1と1/2
味噌	小さじ1
葛とろりあん	大さじ2
コショウ	少々

METHOD / 作り方

1 ジャガイモは茹でて潰しておく。

2 (1)にみりん、マスタード、味噌、「葛とろりあん」を入れ混ぜ合わせる。

3 コショウで味を調える。

003

バジル&クリームチーズのガーリックソース

Basil & Cream Cheese

INGREDIENTS / 材料	4人分
バジル	20g
にんにく	1片
クリームチーズ	50g
オリーブオイル	小さじ1
塩(岩塩)	ひとつまみ
酢	小さじ1
レモン汁	小さじ1
葛とろりあん	大さじ2〜3

METHOD / 作り方

1 バジルはみじん切りにしておく。にんにくはすりおろしておく。

2 器に(1)、クリームチーズを入れ、よく混ぜ合わせる。

3 (2)にオリーブオイル、塩、酢、お好みでレモン汁を入れ混ぜ合わせる。

4 (3)に「葛とろりあん」を加えよく混ぜ合わせる。

004

グレープフルーツのフレッシュソース

Grapefruit with Herb Salt

INGREDIENTS / 材料	4人分
グレープフルーツ	1個
オリーブオイル	大さじ2
ハーブソルト	少々
葛とろりあん	大さじ3

METHOD / 作り方

1 グレープフルーツは皮を剥いておく。

2 ボウルにグレープフルーツ、オリーブオイル、ハーブソルト、「葛とろりあん」を入れ混ぜ合わせる。

005

葛タルタル

Kudzu Tartar Sauce

INGREDIENTS / 材料	4人分
卵(茹でるための水)	1個
牛乳	100cc
本葛粉 粉末タイプ	大さじ1
玉ねぎ	1/4個
塩	少々
きゅうり	1/4本
マヨネーズ	大さじ1/2
酢	小さじ1
レモン	小さじ1
コショウ	少々

METHOD / 作り方

[下準備]

1 鍋に卵が浸かるくらいの水を入れ、沸騰させてから卵を静かに入れ約12分茹でる。その後、すぐに湯を捨てて水を入れ、ゆで卵がしっかり固まるように冷やす。

2 牛乳に本葛粉を入れ、よく溶いてから火にかける。とろみがついたら火から下ろして冷ましておく。

3 玉ねぎをみじん切りにし、塩で軽く揉み、流水で洗い流し、辛みをとっておく。

1 ゆで卵、きゅうりをみじん切りにする。

2 器にゆで卵、きゅうり、玉ねぎ、マヨネーズ、酢、レモン、下準備の(2)を入れて混ぜ合わせる。

3 塩、コショウで味を調える。

ビンで楽しむ葛バリエ

旬の野菜やフルーツがぎゅっと詰まった
瓶で楽しむ葛クッキング。
ピクニックやホームパーティーに大活躍。
華やかで見た目も楽しく、環境にも優しい。
カラフルに大胆にお料理を楽しもう。

レシピ監修／田中愛子

001　Freshly Picked Kumquat with Kudzu syrup

001

我が家の大きな金柑甘煮 〜葛シロップがけ〜

INGREDIENTS / 材料

金柑	適量
砂糖	金柑の5〜6割
本葛粉 （同量の水で溶く）	大さじ1

METHOD / 作り方

1. 金柑は縦にいくつもの細い切り目を入れる。鍋にたっぷりの水を入れ、金柑を加えて一度茹でこぼし、串などで中の種を取り出す。
2. その後、もう一、二度茹でこぼし、鍋に金柑を入れ、かぶるくらいの水を入れる。そこに砂糖を2〜3回に分けて入れ、ゆっくりと煮含める。
3. 金柑がツヤツヤしてきたら取り出し、残りの煮汁に同量の水で溶いた本葛粉を加えて柔らかなとろみをつける。
4. 容器に金柑を入れて、上から(3)のシロップをかける。

THE POINT OF KUDZU / 葛ポイント

毎年実をつける金柑は喉に良く、美しい季節の恵み。煮汁に葛を入れてとろみをつけると、金柑の周りがつるんとした食感に。

002

ビタミンたっぷりキャロットスープ

INGREDIENTS / 材料 4人分

にんじん	3本	塩·コショウ	少々
玉ねぎ	1個	[飾り用]	
オリーブオイル	大さじ1	タイム	適量
水	600cc		
本葛粉 粉末タイプ (同量の水で溶く)	大さじ1/2		

METHOD / 作り方

1 にんじん、玉ねぎは薄切りにする。

2 鍋を火にかけ、オリーブオイルを入れて、にんじんと玉ねぎを弱火で15分〜20分ほど焦げないように気をつけながら炒め、水を注ぎ10分〜15分煮る。

3 (2)をミキサーにかける。

4 (3)を鍋に戻し、火にかけて、好みのとろみになるように水溶き本葛粉を入れ、塩·コショウで調味する。器にスープを注ぎ、タイムを盛り付ける。

THE POINT OF KUDZU / 葛ポイント

にんじんと玉ねぎをじっくり炒めることが美味しさの秘訣。ミキサーをよくかけて、なめらかなピューレにすると葛のなめらかさが際立って美味しくなる。

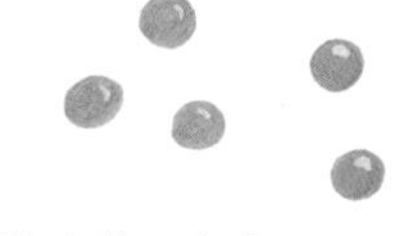

003

豆まめペンネサラダ

INGREDIENTS / 材料 4人分

茹で大豆	200g	[葛ドレッシング]	
冷凍グリーンピース	150g	昆布だし 又はコンソメスープ	大さじ3
レッドビーンズ(缶詰)	100g	本葛粉 粉末タイプ	小さじ1/2
赤ピーマン	1個	オリーブオイル	大さじ3〜5
玉ねぎ	1/2個	酢又はレモン果汁	大さじ1
ペンネ	80g	はちみつ	小さじ1/2
パセリなどのハーブ	適量	塩·コショウ	少々

METHOD / 作り方

[サラダ]

1 豆類は、冷凍は水で戻し、缶詰や茹でたものは水を切っておく。

2 赤ピーマンは茹でて皮をむき、粗みじん切りにする。玉ねぎはみじん切りにし、ペンネは茹でておく。

3 [葛ドレッシング]を作る。

4 (1)、(2)と葛ドレッシングを合わせ、好みのハーブを刻んで混ぜ、瓶に移す。

[葛ドレッシング]

1 昆布だし又はコンソメスープは冷ましておく。

2 (1)に本葛粉を入れてよくかき混ぜ、火にかけてとろみをつける。

3 (2)をボウルに入れてオリーブオイル、酢又はレモン果汁、はちみつを加え、よく混ぜ合わせ、最後に塩·コショウで味を調える。

THE POINT OF KUDZU / 葛ポイント

豆は畑のお肉と言われ、食物繊維、植物性たんぱく質たっぷり。たくさん食べたい時、少しとろみのついたドレッシングはサラダを食べやすくしてくれる。葛ドレッシングで健康的な食生活を。

004

ブルックリンスタイル葛スムージー

INGREDIENTS / 材料　2人分

[A]	
豆乳	1/2カップ
ココナッツミルク	1/2カップ
本葛粉 粉末タイプ	大さじ1と1/2
メープルシロップ	大さじ2〜3
レモン汁	大さじ1
[B]	
水	1/2カップ
本葛粉 粉末タイプ	小さじ1
キウイ	1個
リンゴ	1/4個
デーツ	3個
パセリ	少々
[飾り用]	
クコの実	適量

THE POINT OF KUDZU / 葛ポイント

ニューヨークのヘルシー志向は止まらない。その中でもKudzuは注目の健康食品。Kudzu入りのスーパーフードスムージーで心も身体も美しく。葛の量を増やすとスプーンで食べるデザートに。

METHOD / 作り方

[Aを作る]

1. 鍋に豆乳とココナッツミルクと本葛粉を入れよく混ぜる。
2. (1)を中火にかけ、とろみがつくまでよく混ぜる。
3. 火を止め、メープルシロップとレモン汁を加えて混ぜ、粗熱が取れたら冷蔵庫で冷やす。

[Bを作る]

1. 鍋に水と本葛粉を入れよく混ぜる。
2. (1)を中火にかけ、とろみがつくまでよく混ぜる。
3. 火を止め、粗熱が取れたら冷蔵庫で冷やす。
4. キウイ、リンゴは皮を剥き、ざく切りにする。
5. デーツ、パセリもざく切りにしておく。
6. よく冷えた(3)と他の材料を全てミキサーにかける。

[仕上げる]

1. 透明の容器に[A]を流し入れ、次に[B]を注ぎ2層にする。
2. クコの実を盛り付ける。

005

キッチンガーデンサラダ ハーブドレッシング

INGREDIENTS / 材料　2人分

[キッチンガーデンサラダ]	
にんじん	1本
赤パプリカ	1/4個
大根	1/4本
[ハーブドレッシング]	
昆布だし又はコンソメスープ	大さじ3
本葛粉 粉末タイプ	小さじ1/2
オリーブオイル	大さじ3〜5
酢又はレモン果汁	大さじ1
はちみつ	小さじ1/2
塩·コショウ	少々
ハーブ	適量
(パセリ、ミント、バジルなどあるもので良い)	

THE POINT OF KUDZU / 葛ポイント

葛のとろみとだしの風味が効いたドレッシングは野菜との絡みが抜群に良い。季節が運ぶ野菜たちを皮付きのまま、葉っぱのまま、ぽりぽりと食べる楽しみを教えてくれるうれしいレシピ。

METHOD / 作り方

[キッチンガーデンサラダ]

1. 野菜は食べやすいようにスティック状にカットする。(写真は丸ごとかじれるにんじんが入っている。)
2. (1)を瓶に入れる。

[ハーブドレッシング]

1. 昆布だし又はコンソメスープは冷ましておく。
2. (1)に本葛粉を入れてよくかき混ぜ、火にかけてとろみをつける。
3. (2)をボウルに入れてオリーブオイル、酢、はちみつを加え、よく混ぜ合わせ、最後に塩·コショウで味を調える。
4. (3)とパセリ、ミント、バジルなどのハーブをミキサーに入れ撹拌し、器に入れる。

006

カリフォルニアクイジーヌ ベジタリアンどんぶり

INGREDIENTS / 材料　4人分

[ご飯]	
白米	1合
黒米(お好みの雑穀などでもよい)	大さじ3
リンゴ酢	大さじ1
オリーブオイル	大さじ2
塩·コショウ	少々
[具材]	
セロリ	2本
ひよこ豆水煮	1/2カップ
赤玉ねぎ	1/2個
サラダ用ほうれん草	2束
ミント	12〜13枚
アーモンド	20粒
[ドレッシング]	
豆乳	1/2カップ
オリーブオイル	80cc
本葛粉 粉末タイプ	大さじ1
りんご酢	20cc
塩·コショウ	少々

THE POINT OF KUDZU / 葛ポイント

サンフランシスコ周辺のライフスタイルは、ナチュラル、オーガニックが主流。かかっているドレッシングは、ヘルシーなのに葛のとろみで食べ応えあり。

METHOD / 作り方

[ご飯を作る]

1 白米と黒米を合わせて洗い、普通の水加減で炊く。

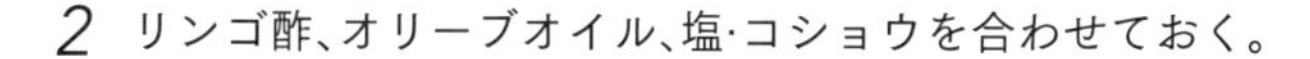

2 リンゴ酢、オリーブオイル、塩·コショウを合わせておく。

3 炊きあがったご飯をボウルに移し、熱いうちに(2)を回しかけ切るようにしてよく混ぜる。粗熱をとっておく。

[具材を準備する]

1 セロリは洗って筋を取り、2cm幅に切る。

2 ひよこ豆は水を切っておく。

3 赤玉ねぎは薄いスライス、サラダ用ほうれん草はざく切りにする。

4 ミントは手でちぎっておく。

5 アーモンドは軽くローストし、粗めにざく切りにする。

[ドレッシングを作る]

1 鍋に豆乳と本葛粉を入れよく混ぜる。

2 (1)を中火にかけ、とろみがつくまでよく混ぜる。

3 火を止め、ボウルに移し、粗熱が取れたら冷蔵庫で冷やす。

4 (3)が冷えたら、リンゴ酢を加えてよく混ぜ、最後にオリーブオイルをゆっくりと混ぜながら加えていく。

5 塩·コショウで味を調える。

[盛り付ける]

サラダボウルに[ご飯]と[具材]を盛り、ドレッシングをかける。

みんなでシェアごはん

レシピ監修／田中愛子

ランチ、ティータイム、ディナー、どんな時も分け合って食べる食事は賑やか。葛をフル活用すると忙しい日常でも驚くほどあっという間に食卓が鮮やかに。ワクワク健康な葛料理をシェアしよう。

NUMBER
001

忙しくてもヤミーな楽しみ

葛イージーホワイトソース

Easy Kudzu White Sauce

INGREDIENTS / 材料

牛乳	250cc
バター	40g
本葛粉	30g
塩·コショウ	適量

METHOD / 作り方

1. 鍋に全ての材料を入れ、本葛粉を溶かし、火にかける。
2. とろみがでてきたら、泡立て器などでしっかりかき混ぜる。焦げないように弱火で温めながら混ぜる。

THE POINT OF KUDZU / 葛ポイント

葛の意外な活用法。ホワイトソースも葛があれば手間いらず。トロンと固まる具合がホワイトソースにぴったり。

マカロニグラタン

Macaroni Gratin

INGREDIENTS / 材料　2人分

マカロニ(乾)	50g
鶏もも肉	1/2枚
玉ねぎ	1/2個
ピーマン	1個
バター	大さじ1
とろけるチーズ	大さじ1〜2

[ホワイトソース]　レシピの1/2(120〜150g)
＊葛イージーホワイトソース参照

[飾り用]
パセリ　適量

METHOD / 作り方

1. マカロニを茹でておく。玉ねぎは薄切り、ピーマンは輪切り、鶏肉は小さめの一口大に切る。
2. フライパンにバターを溶かし、玉ねぎと鶏肉を炒める。
3. グラタン皿にマカロニを入れ、その上に(2)を置き、ピーマンを散らし、ホワイトソースを上から流し、チーズを散らす。
4. 200度に温めたオーブンで焦げ目がつくまで、15分ほど焼く。出来上がったマカロニグラタンに刻んだパセリを盛り付ける。

NUMBER
002

忙しくてもヤミーな楽しみ

THE POINT OF KUDZU / 葛ポイント

ホワイトソースを葛で作ると、ゆるみが起こりにくいスグレモノ。冷凍も可能で、もう一品必要な時に大助かり。

NUMBER
003

忙しくてもヤミーな楽しみ

クリームジャガコロッケ

Creamy Potato Croquettes

INGREDIENTS / 材料　4人分

ジャガイモ	中3個
玉ねぎ	1/2個
バター	大さじ1
牛肉ミンチ	100g
塩·コショウ	少々
本葛粉 粉末タイプ	適量
卵	適量
パン粉	適量
揚げ油	適量

[ホワイトソース] レシピの1/2(120〜150g)
＊葛イージーホワイトソース参照

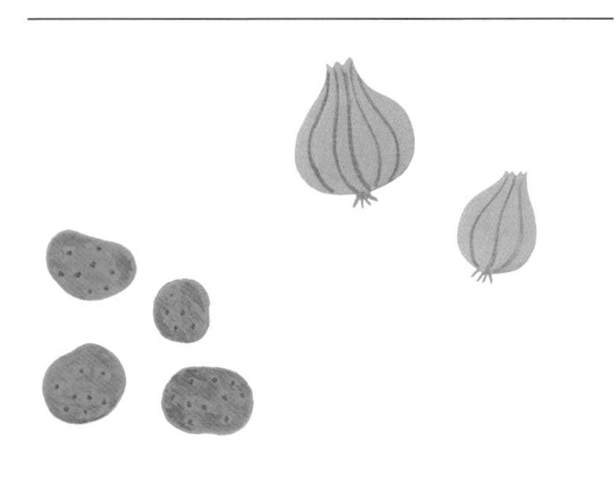

METHOD / 作り方

1 ジャガイモは皮ごと柔らかくなるまで茹でる。玉ねぎはみじん切りにする。熱したフライパンにバターを入れ玉ねぎと牛肉ミンチを炒め、塩·コショウで調味する。

2 茹でたジャガイモの皮をむき、マッシュする。

3 ジャガイモに(1)を入れ、ホワイトソースを混ぜ込み、バットなどに平らに入れて冷蔵庫で冷やす。

4 好みの大きさに丸めて、本葛粉、卵、パン粉をつけて、180度くらいの揚げ油で色よく揚げる。

THE POINT OF KUDZU / 葛ポイント

葛イージーホワイトソースが入ったリッチなコロッケが出来上がり！ほこほこクリーミーな人気のコロッケ！

NUMBER
004

ファミリーギャザリング

ポテトとアンチョビのグラタン

Potato and Anchovy Gratin

INGREDIENTS / 材料　4人分

ジャガイモ	2個
アンチョビ	2〜3枚
にんにく(おろしたもの)	ひとかけら
マヨネーズ	大さじ2
塩･コショウ	少々
パン粉	適量
パルメザンチーズ	適量

[ホワイトソース]　レシピの1/2(120〜150g)
＊葛イージーホワイトソース参照　P.134

[飾り用]
パセリ　適量

METHOD / 作り方

1. ジャガイモは皮のまま茹で、皮をむき5mmの厚さに切る。
2. アンチョビは細かく包丁で叩き、ホワイトソース、にんにく、マヨネーズと合わせてソースにする。味をみて塩･コショウで調味する。
3. 耐熱容器にジャガイモを並べ、(2)のソースを流し、パン粉、パルメザンチーズをかけ、200度くらいのオーブンで色づくまで焼き、お好みでパセリを振る。

THE POINT OF KUDZU / 葛ポイント

集まりやワイン会に欠かせないアンチョビの効いたグラタン。葛イージーホワイトソースでお手軽料理。このソースはお魚などにもよく合う。

ファミリーギャザリングとは?

「家族の集まり —— “Family Gathering”」

週末、お祝い事、再会…
みんなで料理をして、他愛もない会話をしながら
ご飯を囲む時間はいつだって特別なもの。
健やかな心を育み、自然と笑顔があふれる食卓を作ろう。

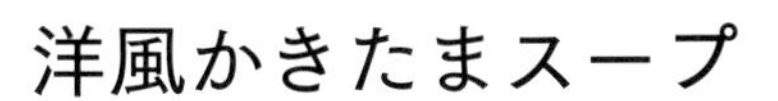

洋風かきたまスープ

Western-style Egg Drop Soup

INGREDIENTS / 材料　4人分

卵	2個	塩·コショウ	少々
生パン粉	大さじ3	本葛粉	大さじ1
粉チーズ	大さじ2	(同量の水で溶く)	
コンソメスープ	800cc	[飾り用]	
		パセリ	適量

METHOD / 作り方

1. 卵をボウルにほぐし、生パン粉、粉チーズを加えて混ぜ合わせる。
2. コンソメスープが煮立ったら本葛粉を同量の水で溶いて加え、とろみが出たら、(1)の卵液を流し入れてかき混ぜる。
3. 煮立っている卵がふわっと浮き上がってきたら火を止め、塩·コショウで味を調える。
4. 器に注いで、刻んだパセリを盛り付ける。

NUMBER
005

ファミリーギャザリング

THE POINT OF KUDZU / 葛ポイント

フランスの古い家庭料理に葛のとろみをプラス。固くなったフランスパンもパン粉代わりに使えて美味しく早変わり。葛とフランスの家庭料理のマッチングを味わってみて。

NUMBER
006

ファミリーギャザリング

牛肉の赤ワイン煮込み

Beef Stew in Red Wine Sauce

INGREDIENTS / 材料　4人分

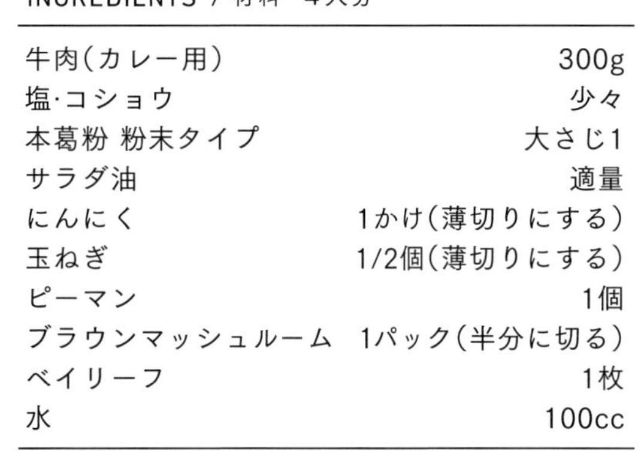

牛肉(カレー用)	300g
塩·コショウ	少々
本葛粉 粉末タイプ	大さじ1
サラダ油	適量
にんにく	1かけ(薄切りにする)
玉ねぎ	1/2個(薄切りにする)
ピーマン	1個
ブラウンマッシュルーム	1パック(半分に切る)
ベイリーフ	1枚
水	100cc
[ソース]	
赤ワイン	1/2カップ
トマトケチャップ	大さじ3
ウースターソース	大さじ3
トマトピューレ	大さじ1
塩·コショウ	少々

METHOD / 作り方

1. 牛肉に塩·コショウをして、本葛粉をまぶす。
2. フライパンにサラダ油を熱し、にんにくの香りが出るまで炒め、次に牛肉を色よく炒めて、フライパンから取り出し、ペーパーなどで油を切る。
3. 玉ねぎは薄切り、ピーマンは輪切り、マッシュルームは薄くスライスに切る。
4. 牛肉をフライパンに戻し、ソースの材料を入れて2〜3分絡めたら、(3)とベイリーフを加え、水を注ぎ、蓋をして5分ほど煮る。

THE POINT OF KUDZU / 葛ポイント

お肉などに小麦粉をまぶしてとろみを出すフランスの煮込み料理を葛のとろみづけで楽しもう。

NUMBER
007

ファミリーギャザリング

簡単リッチな葛トマトソース
Easy Rich Kudzu Tomato Sauce

INGREDIENTS / 材料

トマトジュース	250cc
バター	50g
本葛粉	30g
塩･コショウ	少々
ローリエ	適量

METHOD / 作り方

1. 鍋に全ての材料を入れ本葛粉をよく溶かし、火にかける。
2. とろみが出てきたら、泡立て器などでよく混ぜる。焦がさないように気をつける。

THE POINT OF KUDZU / 葛ポイント

驚くほど簡単に出来上がるトマトソース。煮詰めなくても短時間でとろみが出る葛を使って日々の楽しい食卓を彩ろう。

NUMBER
008

ファミリーギャザリング

ミラノ風カツレツ 葛トマトソース添え
Milan-style Cutlet with Kudzu Tomato Sauce

INGREDIENTS / 材料　4人分

[ミラノ風カツレツ]		[飾り用]	
鶏ささみ	4枚	レモン	適量
塩･コショウ	少々	イタリアンパセリ	適量
マスタード	大さじ1	ローズマリーの花(あれば)	適量
木葛粉 粉末タイプ	大さじ2		
卵	1個		
パン粉(細かいもの)	適量		
サラダ油	適量		
[トマトソース]	適量		

＊簡単リッチな葛トマトソース参照

METHOD / 作り方

1. 鶏ささみは筋を取り、ラップの上からめん棒で叩いて平たくし、半分の大きさに切る。塩･コショウをして、マスタードを塗る。
2. 鶏ささみに本葛粉、溶き卵、パン粉の順で衣をつける。
3. フライパンに2cmくらいの深さまでサラダ油を入れて熱し、ゆっくり揚げる。
4. お皿にミラノ風カツレツをのせ、周りにトマトソースを添える。カットレモン、イタリアンパセリを盛り付けて完成。

THE POINT OF KUDZU / 葛ポイント

「本葛粉が余ったらどうしよう…」そんな時は、小麦粉の代わりに揚げものなどに使ってみてはいかが？葛のいろいろな使い方を楽しんでみて。

NUMBER
009

ファミリーギャザリング

アスパラガスと海老の トマトソースパスタ

Asparagus and Shrimp Tomato Sauce Pasta

INGREDIENTS / 材料　2人分

アスパラガス	1束
にんにく	1片
海老	6〜8尾
オリーブオイル	大さじ2
パスタ	2人前(150g)
塩·コショウ	少々
[トマトソース]	レシピの1/2
＊簡単リッチな葛トマトソース参照	
[飾り用]	
イタリアンパセリ	適量
粉チーズ	適量
(またはパルメザンチーズ)	

METHOD / 作り方

1. パスタ用に湯を沸かしておく。その湯で、アスパラガスを茹で冷水にとり、3〜4cmの長さに切る。にんにくはみじん切りにする。海老は皮をむき、背ワタを取り3等分に切る。
2. フライパンにオリーブオイルを熱し、にんにくを入れ、弱火で少し煮るようにガーリックオイルを作る。その間にパスタを茹で始める。
3. フライパンのにんにくが焦げる前に、海老とアスパラガスを入れ混ぜ合わせ茹で上がったパスタを入れ、塩·コショウをして大きく混ぜ合わせるように炒める。最後にトマトソースを入れて、もう一度混ぜ合わせる。
4. 器にパスタを盛り、粉チーズを振りかけ、イタリアンパセリを盛り付ける。

THE POINT OF KUDZU / 葛ポイント

季節のアスパラガスの香りと海老の旨味が葛のトマトソースに溶け込み、トロンとしたとろみがパスタに絡んで思わず食べ過ぎてしまいそう。

NUMBER
010

忙しくてもヤミーな楽しみ

THE POINT OF KUDZU / 葛ポイント

大阪の料亭さんの賄い食。天かすを使うことを大阪ではハイカラと呼ぶ。天かすの甘みと葛のとろみが活かされた一品。

白菜のハイカラ煮

Simmered Chinese Cabbage with Kudzu Sauce

INGREDIENTS / 材料　4人分

白菜	1/4個	しょうゆ	大さじ1
海老(中)	4〜6尾	天かす	50g
だし	500cc	本葛粉	大さじ1
酒	大さじ1	(大さじ2の水で溶いておく)	
みりん	大さじ2		

METHOD / 作り方

1. 白菜は食べやすい大きさのそぎ切りにする。海老は皮をむき、背ワタを取り、3つに切る。
2. 鍋に白菜を入れ、海老を散らし、だしを注ぎ、酒、みりん、しょうゆを入れて火にかけ、落とし蓋などで上からぎゅっと押さえる。
3. 白菜のかさがなくなったら、天かすを入れてだしになじませ、上から水溶き本葛粉をまわし入れ、とろみをつける。

豆腐と蟹の中華風スープ

Chinese-style Tofu and Crab Soup

INGREDIENTS / 材料　4人分

アスパラガス	2本	カニの身	50g
白ねぎ	適量	塩·コショウ	少々
筍(水煮)	20g	砂糖	少々
豆腐	100g	本葛粉	大さじ2
酒(老酒)	小さじ1	(大さじ3の水で溶いておく)	
中華スープ	3カップ	卵白	1個分

METHOD / 作り方

1. アスパラガスは1cmの長さに切る。白ねぎはみじん切りにする。筍は薄切りにする。豆腐は1cm角にする。
2. 鍋に酒、中華スープを入れて一煮立ちさせる。白ねぎ以外の材料を加え、カニの身も入れ、塩·コショウ、砂糖を加えて味を調える。
3. 再度煮立たせたところに、水溶き本葛粉を加えてとろみをつけ、白ねぎを入れる。
4. 次に卵白を溶いてまわし加え、一呼吸おいてかき混ぜる。

NUMBER
011

忙しくてもヤミーな楽しみ

THE POINT OF KUDZU / 葛ポイント

葛でとろみをつけてから、卵の白身を入れる。ふわっとした柔らかな食感が、まろやかな美味しさを引き立てる。

みんなでシェアごはん

NUMBER
012

忙しくてもヤミーな楽しみ

カリカリ焼きそば具沢山あんかけ

Crispy Yakisoba with Kudzu Sauce

INGREDIENTS / 材料　2人分

豚もも肉薄切り	75g
[A]	
塩·コショウ	少々
酒	大さじ1/4
本葛粉 粉末タイプ	大さじ1/4
ごま油	大さじ1/4
玉ねぎ	1/8個
しいたけ	1個
キャベツ	大1枚
にんじん	1/8本
サラダ油	適量

[B]	
水	100cc
スープの素	小さじ1
砂糖	大さじ1/4
しょうゆ	小さじ1
酒	大さじ1/4
オイスターソース	大さじ1/2
本葛粉	大さじ1
(大さじ2の水で溶いておく)	
サラダ油	適量
中華麺	2玉
[飾り用]	
白ねぎ	適量

METHOD / 作り方

1. 豚肉をボウルに入れて[A]の材料をよくもみ込み、下味を付ける。
2. 玉ねぎとしいたけは薄切り、キャベツはざく切り、にんじんは4cmの長さの短冊切りにする。
3. [B]の材料を合わせ、調味料を作る。
4. フライパンにサラダ油を熱し、豚肉、玉ねぎ、にんじんの順に炒め、キャベツ、しいたけを加えてサッと炒める。
5. (4)に(3)の調味料を加えて一煮立ちしたら、水溶き本葛粉を加えてとろみを付ける。
6. 別のフライパンにサラダ油を熱し、中華麺をほぐし入れ、押さえつけるようにしながら、両面をカリッとするまで焼く。
7. (6)を皿に盛り、(5)のあんをかける。
8. 白ねぎを切り、盛り付ける。

THE POINT OF KUDZU / 葛ポイント

中華そばをカリカリに焼くのが美味しさのコツ。葛を入れてとろみを出す時は、熱々にしたスープに水溶き葛を注いで一気に仕上げよう。

お茶と楽しむ葛のお菓子

お茶とお菓子。団欒はいつの時もどんな場所でも憩いのひととき。
葛を入れると和菓子も洋菓子もまろやかな仕上がりに。

レシピ監修／田中愛子

NUMBER
01

冷茶と楽しむ葛きり とびきり自家製黒蜜添え

Kudzukiri with Homemade Brown Sugar Syrup & Iced Green Tea

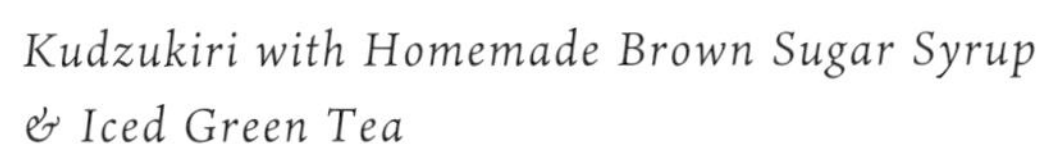

INGREDIENTS / 材料　3人分

[葛きり]	
本葛粉 粉末タイプ	100g
水	200cc
[黒蜜]	
黒砂糖	100g
水	150cc
砂糖	50g
卵白	1個
[飾り用]	
茶葉	適量

THE POINT OF KUDZU / 葛ポイント

湯の中で固める葛ならではの伝統の調理法。冷水に放しても崩れることなく、つるりとした食感がうれしい。夏の昼下がり、冷たくしたお茶といただこう。

METHOD / 作り方

[黒蜜を作る]

1 金ザルに布巾を敷いておく。

2 黒砂糖を刻んで分量の水に溶かしておく。

3 (2)に砂糖、卵白を合わせてよく溶き混ぜ、火にかける。

4 沸騰してアクが浮き上がってきたら、火を止める。(1)で漉し(絞らない)、冷やしておく。

[葛きりを作る]

1 本葛粉に水を少しずつ入れてよく溶かし、ボウルに漉し入れる。

2 大きめの鍋に湯を沸かし、流し缶(卵豆腐型)に(1)の葛を入れ(3〜4mmの厚さ)、湯に浮かした状態で、ヤットコなどで缶を挟んで軽く前後に揺らす(紙すきのように)。

3 白くなったら湯の中へそのまま沈める。

4 火が通り全体が透明になったら湯をきり水に浸ける。

5 竹串で縁を外し、取り出して0.5〜1cm幅に切る。

6 ガラスの器に(5)の葛きりを入れて、冷たい黒蜜を注ぎ、お好みで茶葉を添える。

＊ ヤットコがなければトングなどを利用しましょう。

NUMBER
02

ほうじ茶と葛焼き

Kudzuyaki & Roasted Green Tea

INGREDIENTS / 材料　4～6人分

水	300cc
砂糖	100g
本葛粉 粉末タイプ	100g
こしあん	50g
片栗粉(本葛粉 粉末タイプ)	適量

METHOD / 作り方

1. 水に砂糖を溶かしてシロップを作る。
2. 鍋に本葛粉、(1)、こしあんを合わせて中火で5～6分ほど練りながら煮る。
3. 水をくぐらせた流し缶に(2)を入れ、冷蔵庫で冷やし固める。
4. 4cm×4cmほどの四角形に切り、片栗粉もしくは本葛粉をまぶして160℃のホットプレート(またはテフロン加工のフライパン)で両面を焼く。

THE POINT OF KUDZU / 葛ポイント

梅雨冷えの頃、身体の冷えを感じる女性たちに愛された葛菓子。ほんのり温かくしていただこう。

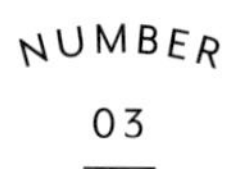

NUMBER
03

韓国風
木の実ときな粉のユルム茶

Yulmu tea of Nuts and Kinako

INGREDIENTS / 材料　2人分

木の実	100g
豆乳	300cc
きな粉	大さじ1
黒砂糖	大さじ1
本葛粉 粉末タイプ	大さじ1/2
(大さじ1の水で溶いておく)	

METHOD / 作り方

1. 木の実はオーブントースターなどで5分ほどローストし、フードプロセッサーなどで細かくする。
2. 鍋に豆乳、きな粉、黒砂糖、(1)を入れて煮立てる。水溶き葛を入れて加熱し軽くとろみをつける。

THE POINT OF KUDZU / 葛ポイント

韓国では愛飲されているユルム茶。木の実や胡麻が香ばしく寒い日には葛を入れると、体が一層温まる。ヘルシー＆クリーンイーティング！

NUMBER
04

紅茶と春巻きのミルフィーユ 葛のアングレーズソース

Millefeuille with Kudzu Crème Anglaise & Black Tea

INGREDIENTS / 材料　4人分

春巻きの皮	4枚
バター	大さじ1
はちみつ	大さじ2
生クリーム	200cc
砂糖	大さじ1〜3
いちご	1/2パック(四つ切り)
キウイ	1個

[アングレーズソース]

卵黄	3個
砂糖	大さじ5
本葛粉 粉末タイプ	小さじ2
牛乳	200cc
生クリーム	100cc
ブランデー	小さじ1

[飾り用]

ミントの葉	適量

METHOD / 作り方

[アングレーズソース]

1 卵黄、砂糖、本葛粉、牛乳を順番に混ぜてとろ火にかけ、木べらで混ぜながらとろみがつくまでゆっくりと煮る。

2 (1)が冷めたら生クリームを混ぜ合わせ、最後にブランデーを入れる。

[春巻きのミルフィーユ]

1 春巻きの皮を1/4に切り、円く型で抜く。

2 (1)にバターとはちみつを薄く塗り、オーブンで5分くらい焼く。

3 生クリームに砂糖を加えて泡立てる。

4 皿にアングレーズソースを敷き、(2)の春巻きのパイを置き、(3)の生クリーム、いちご、キウイ、また春巻きのパイというように重ねてミルフィーユにしてミントを飾る。

＊ 春巻きの皮で作ったミルフィーユパイは、缶に入れて保存しておくと2週間ほど持つので便利。

THE POINT OF KUDZU / 葛ポイント

春巻きの皮で作るパイ生地と葛で作るアングレーズソースは、驚きのレシピ。和洋折衷の美味しさ。

NUMBER
05

玄米茶と豆腐の白玉 葛のあん

Tofu Shiratama with Kudzu Sauce & Brown rice Tea

INGREDIENTS / 材料　4人分

[豆腐の白玉]	
絹ごし豆腐	1/2丁(150g)
白玉粉	約130g
[葛の胡麻あん]	
豆腐	1/4丁(75g)
白みそ	大さじ1
練り胡麻	大さじ1
生クリーム	15cc
本葛粉 粉末タイプ	大さじ1
[葛のしょうゆあん]	
しょうゆ	35cc
砂糖	45g
水	50cc
本葛粉	10g

METHOD / 作り方

1. 絹ごし豆腐を潰し、白玉粉を3回くらいに分けて加えていきながら手でよくこねる。豆腐によって水分量が違うので注意しながら混ぜ、耳たぶくらいの柔らかさにしたら、まるめて団子にする。
2. 鍋に湯を沸かし、沸騰したら団子を入れて、浮き上がってくるまで静かに茹でる。
3. ボウルに冷水を用意し、浮き上がってきた団子を水にとる。
4. 豆腐の白玉を器に盛り、あんをかけていただく。

[葛の胡麻あん・葛のしょうゆあん]

材料を鍋に入れ、本葛粉をよく溶かしてから火にかけ、とろみがついたら火を止める。

THE POINT OF KUDZU / 葛ポイント

あんのなめらかさと、とても相性が良い白玉。
2種類の葛あんで楽しもう。

06

抹茶しるこ

Matcha Shiruko

INGREDIENTS / 材料　4人分

[A]

白こしあん	200g
砂糖	100g
水	3カップ
本葛粉 （大さじ2の水で溶いておく）	大さじ1

[B]

抹茶	大さじ1と1/2
ぬるま湯	大さじ3

[C]

白玉粉	90g
砂糖	大さじ1と1/2
水	75cc

METHOD / 作り方

1. 鍋に[A]を入れ混ぜ合わせ、火にかけて沸騰したら、水溶き葛を加え、うすいとろみをつけて火を止める。
2. [B]のぬるま湯で溶いた抹茶を(1)に加える。
3. [C]を手でよくこねて、耳たぶくらいの柔らかさにしたらまるめて団子にし、沸騰して浮き上がってくるまで静かに茹でる。
4. 冷水に団子をとって冷やしたら(2)に加える。

THE POINT OF KUDZU / 葛ポイント

抹茶はお湯でしか溶けないので注意しよう。
葛のとろみがついた独特の風味のおしるこを
是非試してみて。

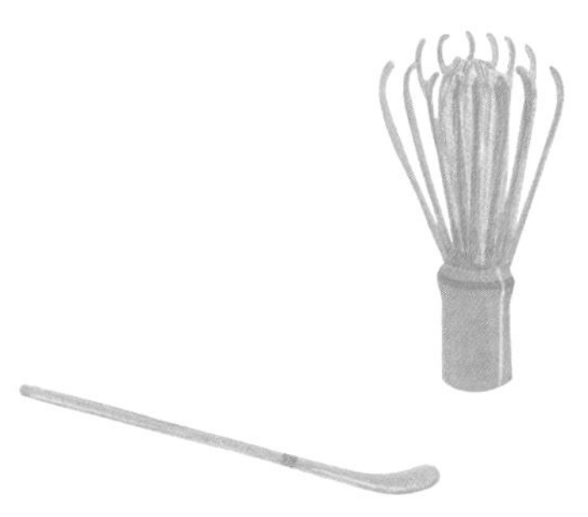

葛のお菓子でほっと一息。

慌ただしい日々のご褒美に、葛のお菓子でリラックス。
和菓子から洋菓子まで、その日の気分に合わせて息抜きのお供に。

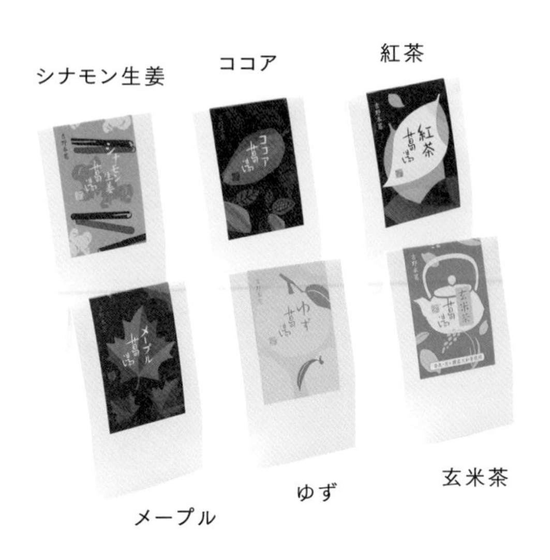

井上天極堂　葛湯（全14種）5食入り
各¥600～（税別）

葛湯

葛湯は消化が良く身体が温まるので、昔から生活の知恵としてお腹の調子が悪い時や風邪気味の時に食べられてきた。冷めにくい葛湯は冬場はもちろん、エアコンの効いた夏のオフィスにもおすすめ。

井上天極堂　葛もち
1個　￥200(税別)

葛もち

ほどよい甘みともちもちっとした食感が特徴の葛もちは、多くの方に好まれる和菓子。たっぷりのきな粉と黒蜜をかけて食べる昔ながらの食べ方だけでなく、温かいぜんざいに入れてみたり、フルーツと一緒に盛り付けてあんみつにしたりとアレンジが楽しめる。

井上天極堂　くずの子ロール
各￥1,400～(税別)

くずの子ロール

ふんわりと口あたりの良いスポンジ生地は、小麦粉不使用、吉野本葛100%のロールケーキ。葛を使用したことで口溶けがなめらかに。

くずの子パウンド

きめの細かい優しい口あたりのパウンドケーキは、吉野本葛と大豆粉を使用。小麦アレルギーでも安心して食べられる。アイスやフルーツと合わせてトライフルを作るのも楽しい。

井上天極堂　くずの子パウンド
各￥250(税別)

エピローグ

おわりに

令和の始まりに150周年を迎え、このような「葛の本」が出版できたこと、本当にうれしく、感動をしています。ここまでの150周年を支えてくださったお客様、仕入先様、山のネットワークの皆様、家族、チーム井上天極堂の皆様に感謝を申し上げます。また、「葛の本」完成にあたって取材や編集に関わっていただいた皆様、本当にありがとうございました。株式会社百代の橋本沙也加社長、グラフィックデザイナーの濵佳江様、写真家の中井秀彦様には2年の長期間に渡りご尽力をいただき本当にありがとうございました。また今回の葛を使った基本の和食から今のライフスタイルに合った葛レシピを考案してくださった田中愛子先生をはじめ、お忙しい中、取材に快くご協力をいただいた皆様方には改めて感謝を申し上げます。

今回の葛ディスカバリーではたくさんの地域を訪れましたが、全国にはまだまだ葛ゆかりの地域があります。私たちが知らない葛のお店や、葛きりや葛まんじゅうが名物のお店もあると思います。読者の皆様には是非そんな情報もお知らせいただきたいです。次回の「葛の本」は「全国葛ディスカバリー探検本」にしたいと思います。もっともっと葛をたくさんの人に知ってもらい、葛のファンになってもらうきっかけになってもらえればうれしいです。

この「葛の本」は葛の初心者から中級者向けですが、次回はもっと葛を深掘りして是非マニアックな本にしたいと思います。そして全国の葛に関係する企業や地域や葛きりや葛まんじゅうなどを扱うお店などが一同に集まり、葛サミットや葛シンポジウムを開きたいと思っております。その節は是非ともご協力やご指導、ご鞭撻をいただけたらと思っております。役行者ゆかりの地や世界遺産の石見銀山や葛が地名に入っていたり葛がたくさん自生している場所だったり、まだまだ葛ディスカバリーをして皆様にお届けしようと思っております。

そして私たちチーム井上天極堂は世界に誇れる日本の食のアイデンティティを守り発展させるべく皆様と共に精進を重ね、和菓子、和食の伝統を守りつつこれからのライフスタイルに合う様、全てを進化させて世界の人々に食の楽しさ、健康な身体と社会に貢献できるように一歩ずつ歩みを進め、200周年、250周年と続けられるよう感動を届けたいと思っています。これからも私たちチーム井上天極堂を末永くご愛顧賜りご指導ご鞭撻をお願い申し上げます。

令和元年9月20日「葛の日」

株式会社 井上天極堂　代表

井上昇彦

蔵王堂
世界遺産 金峯山寺
後醍醐天皇導稲荷大神

THE KUDZU BOOK

INOUE TENGYOKUDO
150th Anniversary

葛の本 / THE KUDZU BOOK

発行日
2020年 1月24日

監修
株式会社 井上天極堂 INOUE TENGYOKUDO Co.,Ltd.
〒639-2251 奈良県御所市戸毛107
TEL 0745-67-1665

編集/制作
株式会社 百代 HAKUTAI Co.,Ltd.

デザイン/イラストレーション
濵 佳江 Hama Yoshie

写真
中井 秀彦 Nakai Hidehiko

発行者
吉村 始

発行所
金壽堂出版有限会社
〒639-2101 奈良県葛城市疋田379
TEL/FAX 0745-69-7590
book@kinjudo.com
http://www.kinjudo.com

印刷 橋本印刷株式会社
〒639-2155 奈良県葛城市竹内365-1
TEL 0745-48-2305

製本 株式会社 渋谷文泉閣
〒380-0804 長野県長野市三輪荒屋1196-7
TEL 026-244-7185

ISBN978-4-903762-25-8